THE SEVEN
DESIRES
OF EVERY
HEART

你为什么不快乐

了解和满足你内心的七个渴望

【美】马克·蕾丝 黛比·蕾丝 著

俞新南 俞多佳 编译

中国海洋大学出版社
CHINA OCEAN UNIVERSITY PRESS

图书在版编目(CIP)数据

你为什么不快乐:了解和满足你内心的七个渴望／俞新南,俞多佳编译. —青岛:中国海洋大学出版社,2013.4

ISBN 978-7-5670-0250-0

Ⅰ.①你… Ⅱ.①俞… ②俞… Ⅲ.①心理学－通俗读物 Ⅳ.① B84-49

中国版本图书馆 CIP 数据核字(2013)第 050284 号

出版发行	中国海洋大学出版社
社　　址	青岛市香港东路 23 号
邮政编码	266071
出 版 人	杨立敏
网　　址	http://www.ouc-press.com
电子信箱	whs0532@126.com
订购电话	0532－82032573(传真)
责任编辑	诗　怡
电　　话	0532－85901040
印　　制	青岛双星华信印刷有限公司
版　　次	2013 年 4 月第 1 版
印　　次	2013 年 4 月第 1 次印刷
成品尺寸	148 mm × 215 mm
印　　张	6.375
字　　数	160 千字
定　　价	32.00 元

本书为以下人士所写：

渴望拥有更加亲密和良好沟通关系的夫妻；

想和孩子有更加和谐关系的父母；

想用更好的方式来激发学生学习积极性的老师；

为如何才能更深刻地了解员工心理而苦恼的管理人员；

以及每一位想和别人建立更加丰富和亲密关系的人。

译者的话

"心烦"、"郁闷"、"不爽"、"情绪低落",这些词汇已经越来越多地进入到我们的生活。学生郁闷,老师郁闷,员工郁闷,老板也郁闷;赔钱的郁闷,挣钱的郁闷,失败的郁闷,成功的也郁闷,甚至连幼儿园的小朋友也有的染上了这种"郁闷"不快乐的心境。

面临当今很浮躁很物质的社会环境,人们有时难免会被生活中的不良情绪所困扰,"不快乐"情绪弥漫社会各阶层,具体原因却又说不清道不明。这些不快乐的情绪有可能引发焦虑、强迫、恐惧或抑郁的症状,若不引起重视,久而久之,严重者会导致真正的心理问题。

当意识到自己经常不快乐、脾气暴躁或心情郁闷的时候,请静下心来反观一下自己,看是否有如下的想法、情绪和行为:特别敏感别人的看法和评价;明知自己有错,但很难向别人去认错;经常被人利用,感觉自己很傻,好像只是别人的一个工具;认为自己明明是为别人好,但对方却不领情或不理解自己;对不是自己职责范围内的事也觉得有义务去做好,否则会心中不安;常常感到自己有些事情做得不够好,为此经常会有一种负疚感;总感觉家中不干净、身体有病、生活没保障或有人会伤害自己;有时候甚至不知道生活的意义、不知道自己究竟是谁。

如果你一直被其中的一些想法所困扰,请不要太担心。因为当你打开本书的时候,你已经开始走向一条消除烦恼、通往快乐之路,那就是了解和满足自己内心的七个渴望。

我们每个人或多或少、或重或轻在某些时候存在着一定的心理问题,而各种心理问题往往都源自于内心的渴望没有得到满足。而这些渴望,是我们内在生命的需要。所以,当这些渴望得不到满足的时候,我们就会产生隐藏的期望,并会采用错误的方式来逃避、勉强、迎合、指责或控制别人,以为这样就能使自己的渴望得到满足。实际上,这些做法不但会让自己感到生气、失望、委屈或压抑,还有可能伤及自己生活中最重要的人际关系,如婚姻关系、亲子关系、亲属关系、朋友关系、同事关系等,有时甚至会导致婚姻或其他人际关系的破裂。

《你为什么不快乐》是一本在美国很受欢迎的大众心理学读物。

或许人们的文化背景不同,信仰各异,但人类心灵深处的渴望大同小异。世界上几乎所有的信仰都是鼓励人们向善行善、心怀敬畏、提升自我、关爱他人。《你为什么不快乐》一书尽管是以西方文化背景来阐释人们的心理需求,但对生活在中国传统文化背景下的我们或许从中会受到一些有益的启发,这是我们译介本书的目的。

当我们在困惑中能够谦卑地静下来寻求答案的时候,本书一定会给我们提供深入、细致、真切的帮助,使我们在顿悟之后,能够运用理性和情感,远离"郁闷",快乐生活!

本书面向广大读者,尤其适合从事心理咨询、婚姻咨询、为人父母者和学习自我情绪调适的人们进行阅读和运用。

祝愿亲爱的读者朋友开心快乐每一天。

俞新南 俞多佳

2012 年 10 月 30 日

前 言

> 我们内心的渴望形成了我们的生活方式。
>
> ——托马斯·默顿

我们每个人都有七个基本的渴望——被人倾听和理解、被肯定、被无条件祝福、有安全感、被触摸、有重要感、有归属感。拥有并且满足这些渴望，可以使我们的存在得到确认。如果这些基本的渴望得到满足，我们就会享受到人与人之间更深层的亲密关系。

当明白自己的渴望并意识到每个人都有相同的渴望，我们就可以生活在一个关系更亲近、更有意义的社会群体当中。找到人们的共同点使彼此更加接近，给予并且接受这些渴望可以使人们在真正的亲密关系中相互连接。但是存在一个问题，因为我们的七个渴望深深地根植于我们的心灵深处，以至于我们并不总能有意识地清楚我们心里面有这些渴望。我们内心能感受到这些渴望，我们也想要满足这些渴望，但是我们却不知道这些渴望的来源。我们没有认识到这样一个事实：我们感到痛苦和孤独是因为我们的渴望没有被满足。相反，我们大多数人宁可选择继续去过非常孤独和郁闷的生活。人们的生活充满着伪装和苦毒。我们受伤，但总以为在某些事情上"得到更多"就可以使自己满足，而我们常常不知道想"得到更多"的究竟是什么……

我们通常会期许从与我们关系紧密的人那里得到满足和幸福，这样想当然没有错，但问题是，当我们要求这些关系亲密的人

为我们做更多的时候,我们就遇到麻烦了。

在我们继续往下说之前,先简要介绍一下自己:我们已结婚35年,最初的相识是在高中。马克学的是牧师和心理辅导专业,他在这个领域工作了十五年,后来他因为性成瘾的问题,必须住院治疗而停止了他原先的工作。当马克接受治疗后回到家,我们双方都同意为我们自己和我们的婚姻各自接受心理治疗。

有人推荐我们去会见当地的一位心理治疗师——莫林·格拉夫,他本人受过弗吉尼亚·萨特的训练,后者是一位伟大的、前所未有的家庭问题治疗师。马克还记得他第一次和莫林见面时的情景。他很害羞,并且很害怕莫林会因为他的道德败坏来论断他。他在告诉莫林自己的经历之后,莫林对他说:"马克,因着你所做的一切,你一定经历了许多痛苦。"莫林在马克身上运用了萨特的模型。因为对萨特来讲,问题的本质从来和外在行为无关,却总是和引发外在行为的内心问题有关。

在和莫林接触的很多年中,能接受他的治疗我们感到特别蒙福。尽管我们没有见过弗吉尼亚·萨特,但通过莫林,我们感觉如同认识了萨特。这本书的主题思想大部分来自于弗吉尼亚·萨特的著作,因为我们力求把她的模型和我们的生活结合在一起。

通过我们的咨询、教导以及写作工作,我们可以帮助别人在心灵和情感方面得到成长。从某种意义上讲,这本书欠了弗吉尼亚·萨特的人情。借助莫林,她让我们明白了自己内心的渴望。在这里,我们也衷心希望你也能照着去做。

在本书中,我们试图阐明以下几点。

首先,我们想帮助人们明白内心的七个渴望——被倾听和理解、被肯定、被无条件祝福、有安全感、被触摸、有重要感、有归属感。并且我们特别想要说明,这七个渴望对男人和女人都是相同的。

第二,我们想要帮助人们了解童年和成年后的生活经历如何影响到你对内心渴望的认识以及满足渴望的方式。如果在童年时期你的某些渴望没有被满足,长大后,你会用错误的方法来满足这些渴望。我们会向大家说明这个过程是如何形成的,以及当你照着错误的方法去做会有什么结果。

第三,我们想要帮助你重新认清关于你自己以及内心渴望的真相。

第四,我们要告诉你如何帮助其他人满足他们的渴望。

在每一章最后,我们提供了几个需要思考的要点。这些思考要点有助于理解、吸收本书内容并将相关内容更好地运用到自己身上。

致　谢

　　每本书都有它的写作历程,有些书的写作是从作者自身受伤并找到医治方法开始的,本书就是这样一本书。

　　本书的写作始于 1987 年,那时我们两人的婚姻已经破裂,有人推荐我们到一个俭朴安静的地方去接受心理治疗。过去我们曾经多次开车路过这栋外表朴素的建筑物,但从没有注意到它上面有一个小小的标志"新希望",没想过这个地方会和我们有什么关系。更想不到会在这里见到迄今为止我们所认识的两位最好的心理治疗师。汤姆和莫林为我们提供的咨询服务,吸引我们每次都渴望着下一次的到来。我们心中的渴望在这栋俭朴的建筑中不断得到满足,我们的情感和心灵同步成长。因为多年与汤姆和莫林一起相处,我们看到了希望,写作本书的原动力就是在这个过程中形成的。

　　汤姆和莫林是 20 世纪最伟大的心理治疗师弗吉尼亚·萨特的学生,尽管我们从未见过弗吉尼亚·萨特,但通过汤姆和莫林我们感觉就和见到了她本人一样。萨特著作对我们的帮助,我们感激不尽。在那些日子里,正是她的心理模型,让我们看到自己的问题只不过是我们内心深处相关渴望的外在反映而已。当我们发现了自己的渴望后,《你为什么不快乐?——了解和满足你内心的七个渴望》这本书的框架便开始成形。

　　一开始,我们把学到的东西用在自己的家庭之中。作为三个宝贝孩子莎拉、乔恩和贝恩的父母,我们开始看到,在他们的问题之下也有着内心深处说不出来的情感和渴望。作为不完美的父母,我们想要去满足孩子们的各种需要。我们感激他们有耐心和父母相处并随着他们长大成人而感到骄傲。看到他们能够主动关心别人内心的渴望我们也非常高兴。

在本书写作过程中，不断地有心灵受伤的人来咨询我们，使我们了解到造成他们生活出现危机的原因。我们感谢那些长时间信任我们的人。正是这种信任，使我们能够帮助他们发现那些隐藏在表面行为之下内心深处的渴望。我们知道这也需要他们的承诺：就是不期待尽快解决问题，还要愿意付出时间，持续地改变自己。我们希望这些真实的故事能够使本书对读者更具亲切感，也正是他们的支持使我们最终把这本书定名为《你为什么不快乐？——了解和满足你内心的七个渴望》。

多年来，许多组织邀请我们给他们提供本书的材料。正是他们提供的机会使我们可以在实践中检验本书提出的观点。我们感谢他们的鼓励。

通过和国际圣经协会的合作，我们遇见了一位作家兼编辑——派特·斯普林，他自愿花时间热情审核了我们的初稿，并提供了宝贵建议。每一本书的背后都有一些以不同方式鼓励和支持的人。例如，詹妮弗·赛斯妮是第一个告诉我们所搜集的资料值得进行进一步开发利用；加里·格雷以及他在格雷通讯公司的同事们帮助我们构思如何拓展公开的课程。从我们第一次讲这些内容开始，生命事工小组的鲍伯和约拿·霍尔就一直热心参与；玛丽亚·芒格运用她的专业绘画技能为我们绘制了解释"态度"的图解。马克和琳达·理查兹、伊丽莎白·格里芬以及戴夫·柯德，他们都用各自的方式给予我们支持。

最后，本书的出版过程一直受到虔诚的桑德凡家族的支持和

致　谢

鼓励。在过去的十五年中,我们有幸认识本书的编辑桑迪·范德
兹特,她自始至终认真编辑和校对,这是她帮助我们完成的第三本
书,衷心感谢桑迪给本书的肯定、拣选和接纳。

马克和黛比·雷斯

明尼苏达州 伊甸大草原

2008 年 9 月

献给我们的孩子莎拉、乔恩、贝恩，
造物主把他们赐给我们并委托我们利用这个机会去
满足他们内心的七个渴望

To our children, Sarah, Jonathan, and Benjamin,
who God has given us and entrusted us with the opportunity
to serve the Seven Desires of their hearts.

目次

译者的话

前言

致谢

第一章	人的七个渴望	11
第二章	看到的问题都不是真正的问题	33
第三章	你究竟是谁	41
第四章	期望：怨恨和怒气的发源地	53
第五章	认知、理解和信念	63
第六章	情绪——以及情绪引发的情绪	73
第七章	个人防御措施	85
第八章	人际关系中的防御措施	91
第九章	情绪陷阱和触发地雷	101
第十章	情绪陷阱和心意更新	113
第十一章	使用冰山模型	125
第一十二	满足自己的渴望	141
第十三章	满足他人的渴望	151
第十四章	真正的满足	163

参考书目 173

相关书介绍 181

人的七个渴望

让我对你们这样说：你与生俱来就是珍贵的，你是有价值的，可爱的，独一无二的，这全是因为你就是你自己。

人类拥有哪些渴望（desire），在本章中我们将一一阐明。不管年龄、性别、文化和宗教信仰如何，每个人的渴望都是一样的。当你阅读本章时，尝试去回想一下在你的生活过程中，自己的渴望得到满足和没有满足时的感受。生活中真正的满足来自于你内心的渴望得到满足，同时你还有机会去满足别人的渴望。

第一个渴望：
被倾听和理解 (To Be Heard and Understood)

花时间回忆一下当有人认真倾听你说话时的感受。也许是你的母亲，她在认真听你说自己在外面被其他小朋友取笑的经历；也许是你的女友，她在全神贯注地听你讲自己的家事；也许是你最好的朋友，他在倾听的同时分享你刚有孩子时的心情。不管他是谁，你是不是感受到了他们对你真诚的关心？

人有很多事情要表达，人生来就有与人沟通的愿望。当然，我们常常感到自己没有真的被倾听。你明白这种感受。你尝试了无数次想要告诉丈夫你的挫折感、需求和渴望，但他看上去根本没有

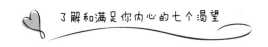

听进去,因为他根本就没有听懂你。

　　对于大部分人来说,是否被人倾听或被忽略的感受源于童年时期。回想在幼儿园、上五年级或高中一年级的时候,有人听你说话和没有人倾听的感受是什么? 可能你的父母是最好的和最有爱心的人,但他们可能因为紧张忙乱而没时间听你说话。你有没有听到这样的话——"以后再说"或"别烦我了"。也许你听到他们说"你这个想法太傻了"!…… 许多孩子在生活中都有成年人给他们提出要求或教训他们的经历,因为很少有成年人愿意去倾听孩子们的情感、渴望、冲突和想法。

　　如果你的童年所经历的只是有人告诉你应该做什么,甚至根本没人听你说话,那你可能会放弃沟通的需要。当你长大之后,你就会发现自己只能谈些很表面的问题,因为你可能从未练习过如何表达你内心深处的想法。当你的亲戚或者配偶说"你从来不和我说话"时,你根本不明白他们在说什么。因为,你缺乏被人倾听和与人沟通的训练和经历。

　　当然,人们都渴望被人倾听,有时太想被人倾听以至于会用特殊的方式说话。当人们想沟通一些重要的事但感觉没有被人听明白时,可能会提高嗓门,心里想:如果我说话声音大,最终就会被人听明白。那些大嗓门的人实际上是对被人倾听感到绝望的人。

　　事实正好相反。如果一个人想要被人倾听,假定谈话的对象反应又较慢,那他有时就要说得慢一些,所以,要慢慢地重复自己的话。甚至可以这样说:"让我给你写出来吧。"

　　有些人感觉没有被倾听时,会加快语速。他们有很多东西要说,想把所有的内容都让对方听懂。他们不愿意轻易放弃对沟通的控制,会不断地用"但是""啊""你知道""因此"等词语来过渡,说起来没完。

人们常常要等到自己确认别人都听懂了他们所说的内容，才会放弃对听众的控制。还有一些人会不断地重复他们说过的话。我们的一个朋友经常说："其实，我还有很多话没有跟你说。"

有时候有些人会变得过分理性，总想着要驳倒对方。他们会说"你总是""你从不"，然后举例说明。他们举出过去发生的例子来证明他们是对的。我们把这种情况称为"搜集证据"，因为要证明他们自己才是对的。由于人们都想被倾听和理解，因此认为有必要对自己所说的话进行维护。搜集证据所带来的问题是，它会迫使对方来为他们的证据进行辩护。当你像是和律师在一起那样进行辩论时，对方要么停止沟通，要么搜集证据来反驳。结果会怎样呢？我们的辩论，看上去通常都很有道理，但没有人真的在听对方讲话。双方都在受伤害，压根感受不到被人倾听或理解。

有时候当人们设法让人倾听的时候，会选择退让。这来自他们早年生活时所学到的心里防御措施。当孩子想被倾听的时候会怎么做呢？他们没有能力来讲道理，甚至他们连话都还不会说。所以他们会采用喊叫、哭泣、祈求、跺脚、打人、砸东西、讲条件或任何其他激烈的行为来引起你的关注。坦白地说，我们就帮助过这样的夫妻，他们的行为竟然和三四岁的孩子一样！大人跟孩子一样会有失控的情绪。这些失控的举动其实就是想要被人倾听和理解。当然，问题的真相在于：失控的情绪不但不能解决问题，而且还会排斥别人。正是因为你幼稚的行为，别人想要尽快地离开你。

如何才能让人愿意倾听自己说话呢？有趣的是被人倾听的第一步恰恰是去倾听别人说话。为了和别人建立联系，人们必须先愿意听别人说话。很多年来我们参加过无数个有关如何更好沟通的

学习班,这些学习班简单地说就是如何让我们成为一个更好的倾听者。我们学到要成为更好的倾听者就不要打断别人,我们要复述所听到的内容,从而确保我们听懂了。我们学到了要把对方当成自己的镜子,要看着对方的眼睛并且要真正地相互了解。

有时候最关心一个人的人恰恰是最没有时间来听这个人说话的人。另外,人们有时候也没有时间去听他们最爱的人说话。当他们沉浸在亲密的人际关系中时,哪怕集中注意力,自己的情感也常常使他们分心,以至于不能认真倾听对方。还有,最好的倾听技巧也会被人们想要被人倾听的渴望所代替!所以,人们就会不自觉地打断对方,强行加入自己的观点或想办法把谈话重点转移到自己的需要或观点上来。这是一个很难改变的怪圈,因为人们都有一点自私的心理需要,那就是:被人倾听和理解。

使问题更为复杂的是,真正倾听对方比理解事实和知道事情需要有更多的东西。倾听包括倾听一个人的内心——感受他的情绪。在我们的心理咨询中,我们发现只有极少数人有能力来辨别他们自己的情绪,更不用说分享了。学习倾听别人的情绪和思想并且分享自己的情绪可以增加我们和别人的亲密感。

第二个渴望:被肯定 (To Be Affirmed)

当有人对你说"干得好""真棒""太好了"的时候,你的感觉是多么美妙啊!当有人说"谢谢你"的时候,你的感觉真是好极了。人都需要得到肯定并且相信有人认可他们的身份和他们的作为。回想一下在你生活中产生积极影响的那些人,他们是批评贬低你的人还是肯定和称赞你的人?我们认为,对你产生过积极影响的人一定是肯定过你的那些人,那些贬低过你的人实际上对你造成了负面的影响。

我们渴望在生活中拥有关注我们做得如何的父母、朋友、老师和辅导员,在年幼的时候,这些人的关注尤为重要。如果没有这些人的肯定,我们就无法在我们的天赋和能力方面树立自信心。可悲的是,很多孩子不仅缺乏肯定,反而遭到批评、贬低和否定,这种情况造成的是双重的伤害。人们需要生活中其他人的反馈,才能建立起在这个世界上表现究竟如何的自我意识。得到肯定会告诉我们做得不错并应该保持下去。批评告诉的是做得不好。如果人们不断得到的是"我是失败者"的信息,会很怀疑自己在别人心中是否还有一点位置。

想想你是否多次问过自己:"别人会怎样看我?"人们早期的一些记忆其实就是别人对自己的评价。当人们走进幼儿园时都会害怕和孤独。他们东张西望,想要看一看其他孩子是对他们微笑还是想和他们一起玩。希望受到欢迎和肯定的愿望会贯穿人们的一生。小时候是在学校的餐厅、教室、体育队、舞厅里,成年后是在邻舍之间、工作单位或其他社交场合里面。

人对肯定的需求非常强烈,以至于有时候人会拒绝尝试新事物,因为他害怕被人认为自己傻乎乎的,被人评论或批评。有时候你害怕在小组讨论时发言,因为你害怕说错话。你可能很难集中精力学习新东西,因为害怕别人说自己笨。也许你会放弃梦想,只因为你不能确保自己能做得完美。当你冒险去说或者做一件事的时候,你是否感觉焕然一新而且不需要考虑结果如何,你都可以因为自己的付出而得到肯定呢?

当一个人确实犯了错误时,他很难向别人承认"我错了"。同样,因为人们害怕别人会议论自己,这种情况会导致孤立自己和孤

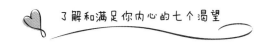

独感的产生。毕竟人们都会犯错误，每个人都需要肯定，恰恰是每个人都处在不断进步的过程当中，才都不完美。人们知道自己有错，但仍然希望有人爱自己。没有被无条件接纳和肯定带来的安全感，人们很难愿意承认自己的错误。

在成长的过程中，你可能没有得到来自家庭、学校、朋友的肯定，反而受到了许多批评。你总觉得自己什么事都做不好，不会在任何事情上取得成功，你的一生都会伴随着罪疚感和害怕的心理，甚至会对不是你做的事情也会去承担责任。当你被自我怀疑和罪疚感控制的时候，人们一定不会给你肯定，因为你根本不相信他们的肯定。别人有可能会说"你干得不错"，但你的回答往往是"啊，但是……"。

当你特别想要得到肯定的时候，你会尝试更加的努力。你有没有对自己说过"如果只有我会做……"？或者"要是只有我拥有……"？你可能渴望有音乐天才、数学能力或职业上的一个高职位。你可能会认为金钱、漂亮的房子、新汽车、时装或者其他物质财产会使你得到别人的接纳或至少可以使别人看不到你的缺点。你在心里面是不是感觉总有一些东西好像能使你变得"更好"或变得更可爱，从而别人就会知道你是个好人，因此给你很多鼓励？

因为你渴望被肯定，你就会通过努力工作来取悦别人。你认为只要你做得更多、做得更好或者做得与众不同，人们就会喜欢你，至少不讨厌你。然而，由此带来的问题之一就是焦虑。每个人最大的焦虑之一就是：如果我是不完美的，其他人就不会喜欢我，就会离开我，我就只能孤独地生活在这个世界上。当你有这种想法的时候，你就不会照自己的想法行事，而是努力讨别人的欢心。你会在心里说："请你不要离开我，想一想我为你做了多少好事。"

当你的生活没有肯定却有很多批评的时候，你就会形成自我怀疑和罪疚感："我想我什么都干不好"，"如果我是一个更好的丈夫或妻子，我们的婚姻会更好"。自我怀疑和罪疚感最终导致焦虑。想一想你的焦虑状况：一天当中有多少次在想别人会怎样看我？或者，你需要做什么才能使别人高兴？

当你来到那些和你很亲近的人——家人和朋友的身边，这种焦虑会变得更加严重，因为这些人都是你最害怕失去的人。只要能让他们高兴，你会去做任何事。这一种焦虑就是所谓的"亲情失常"。这说明你已经很难有独立的自我，也很难对你最爱的人实话实说。这时，你要把自己最好的一面摆在别人面前使他们开心。你认为当你使他们开心以后，他们就会为你高兴而且不会离开你了。

对肯定的需求常常以两种方式表现出来。第一种是撒谎，不说实话，甚至对自己所爱的人也如此。通过逃避沟通、改变话题或撒谎来得到肯定看上去更容易。也许你从小就开始撒谎，因为如果你说实话，你担心父母会怎么想或采取何种反应。实际上，他们的反应常常是严厉批评或特别生气。这样，说谎就成了你学习如何生存的最好方法。如果你照着别人的意愿说谎话，你就不会被拒绝和批评。儿童早期焦虑就是在这种情况下出现的。也就是说，你会不断地考虑别人对自己的行为会做出何种反应，久而久之，你就会变得神经过敏。

人们需要得到肯定的第二种表现方式，就是完美主义。一直遭受着过度批评或否定的人常常工作比较勤奋，其目的是为了最终会获得肯定。如果你从来都做不好一件事或者为了寻求你的能力得到别人认可，你可能会强制自己去做好这件事，取得你实际上无法达成的好结果。如果你发现自己总是需要做得更多或从来不满意自己做的事,那你很可能是在和缺乏肯定作自我斗争。

想一想当你在生活中常常取得进步和发展的时候,是不是你的身旁总会有一个鼓励你的老师,帮助你培养技能的辅导员,相信你能够做成事的朋友,以及从不放弃支持你追求梦想的父母? 一个感谢你、相信你、鼓励和喜欢你的人才是你健康成长的真正动力。

第三个渴望:被祝福 (To Be Blessed)

人们都知道,肯定是关乎人的作为,而祝福是关乎人本身。当有人让你知道在他的生活中你是一个非常可爱的人的时候,这就是一个祝福。他爱你,他为你骄傲,他想要和你在一起。当人得到无条件的祝福时,他相信自己在一些人的眼中是可爱的。当人被祝福时,他并不需要做任何事去换取,他被爱仅仅是因为他这个人! 这是多么美好的感觉啊!

回想一下你的父母。父母应该是你得到无条件祝福的主要的和第一来源。他们是那种无条件祝福你的人吗? 他们有没有让你知道你对他们有多么重要呢? 人们都渴望被我们的父母无条件地祝福,男孩子期待从母亲和父亲那里获取作为男人应该得到的无条件祝福,女孩子也期待从母亲和父亲那里获取作为女人应该得到的无条件祝福。

做父母的人,可以这样想一想,究竟你的孩子做什么事会阻止你去爱他们呢? 他们可能会作出糟糕的决定和令人痛苦的事,但父母的爱是永远不变的——无条件地祝福。如果你发现自己很难理解这一点,你会不会想到可能你的父母两人或其中一人从来就没有祝福过你呢? 很显然,让我们去给予自己从来没有得到的东西一定是很难的。

当人得不到肯定的时候,他会对所做的事情有内疚感,当人没有感受到被无条件祝福的时候,他会对自己的身份感到羞耻。内疚感是意识到我做错了,羞耻感则是我这个人本身就是个错误。羞耻感在人们的生活当中是一个强大和有破坏性的力量。它告诉人们:我是坏人,我没有价值,没有人爱我们本来的样子,也没有人会照顾我们的需要。我感觉自己不配有需要和渴望,因为没有人会满足我的需要。所以,我一生都应该责备自己、轻看自己。

那些没有得到无条件祝福的孩子,常常一生都在暗暗地愤怒和难过。因为没有祝福而感到生气是可以理解的,但是这种愤怒会导致他产生很多针对自己和别人的破坏性行为。愤怒会使人们变得尖刻,会导致人们去贬低所关心的人,甚至会导致人们出现暴力倾向。

如果得不到无条件祝福,人们还会感觉到难以置信的伤心难过,因为他失去了父母应该给予自己的最重要的礼物。当你不确定你可以拥有无条件的祝福时,你的生活是残缺不全的。你很难相信你真的是有价值的人、你的人生是有目标和丰富多彩的。你可能一直都难以明白为什么自己会如此伤心和压抑,但是在你的心灵深处你知道自己肯定缺少了些什么。

缺乏祝福的另外一个悲剧性的后果是:你总感觉自己是一个受害者——一个在生活中没有选择的人。如果你不相信你是有价值的,你很可能会否定自己需要或渴望的权利。当你牺牲自己一心想着去满足别人的需要时,你会感觉自己的生活没有自由,很受限制,因为你没有选择的自由。换句话说,"我是受害者"的认知也正是导致你成为受害者的来源。

此外,对于缺乏无条件的祝福,你的防御措施可能是自我满足

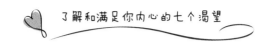

和自我牺牲。如果你是甘愿受苦的人，你就会相信没有人会来帮助自己，你必须一切都靠自己。一个用自愿受苦的方式来满足自己的人以及自我独立的人，实际上内心是凄凉的，因为他根本不知道自己配受别人的帮助。

当一个人把需要得到肯定和需要无条件的祝福两者相混淆的时候，他就会错误地认为：得到无条件祝福的方式就是一定要把事情做好。当你有这种感觉的时候，你会觉得可以用某些方法来赚取无条件的祝福，如成就、奖励、拥有好东西、得到表扬等。但实际上，当你因为这些事情得到肯定时，它们不会给你带来被祝福的感觉。请记住，无条件祝福是因着你的身份，而不是你的作为。你的灵魂深处想要让你知道你本身就是有价值的，而不是因为你做了什么。

实际上，需要无条件祝福是人们心灵最深处第一位的渴望，它让我们知道，如果成就、名声、荣誉、财产全部被剥夺之后，你仍然是可爱的，原因仅仅是你的身份。

当你在成长过程中从父母那里得到了无条件祝福的时候，你的自尊心将会不断发展成长，你会为自己是谁感到满意，你会感觉自己是可爱的。当你的自尊心完好无损的时候，你就不太容易在生活当中被别人对你的评价或针对你的行为所伤害。按照这个逻辑，你的人生将会更加自信。

让我对你们这样说：你与生俱来就是珍贵的，你是有价值的，可爱的，独一无二的，这全是因为你就是你自己。

第四个渴望：安全感（To Be Safe）

人都渴望安全，免于害怕和忧虑的威胁。每个人都想知道在物质上自己是安全的，也就是说，有食物可吃，有地方可住，有足够的钱来供应自己的需要;我们想知道,自己在心灵上是安全的,因为我们拥有自己的信仰;我们想要知道在情感上是安全的,在我们身边的人是可靠的,也就是说,我们可以指望那些说爱我们的人。

当你对安全的渴望得到满足的时候,你会感到自己有了一定的自由和自信去探索世界,包括适当的冒险。我们都认识安全感很强的人,这使我们想到了我们的朋友苏珊。她从小家境贫寒,但是在她的成长过程中,物质上是满足的,她也知道她的基本需求会得到满足,她是在父母的爱中成长起来的。她的兄弟姐妹实际上也是她的好朋友;当然,在她青少年时期她也有困惑和担忧,但她从来没有怀疑过她得到的无条件的爱。现在,作为一个成年人,苏珊感到很自由,可以自由地去冒险。她辞去了一份有保障的工作,在家里做起了自己的生意。她对人很慷慨(据我们所知,她可能是从自己的收入中拿出钱来帮助别人最多的人),有时她甚至可以自由地向自己心中的上天生气,因为她知道,上天始终是爱她的,她也能够处理好自己的情绪。

在你身边其他的人,也许他们从小成长的家庭经济条件不好;也许你的父母对你的态度非常恶劣,你无法指望他们来满足你的情感需求,更不用说你的经济需要了。如果你生长在一个经济不稳定的家庭,那么,在你以后的生活中你不仅会对这个世界的"苏珊们"感到嫉妒,你还会感到怨恨!为什么"苏珊们"可以那么容易拥有许多呢?为什么她们就可以轻而易举地得到所需的一切呢?实际上,那样的怨恨只是缺乏安全感的外在表现而已。

每个人都在一定程度上需要安全感,他们都想要过长寿富足的生活。无论人们是否拥有食物和住所,无论人们是否拥有足够的钱,拥有长寿、生活富足和拥有成就感,他们也都会为自己的健康

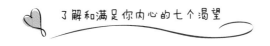

担忧。在人们的心灵深处，都知道有人在自己身边就会有安全感，所以，当人们孤独的时候就会产生忧虑。

有时候，过去的痛苦经历会导致人们对自己的安全过度关心。马克上大学时，曾经因驾驶汽车在雪地里遭遇过车祸。今天，一旦他开车时碰上下雪，他的大脑马上会发出危险的信号。因为过去的经历留在了他的潜意识里，哪怕他行驶的道路相当安全，他的焦虑感也会迅速回升。

过去的创伤有时候会持续地影响人们今天的生活。一些遭受过性侵犯的人，不能够和他们的配偶有性关系，因为即使是在与最亲近的配偶接触，也会触及到他们过去遭受性侵犯时留下的伤痛。马克曾经有一次见了一位去过越南的朋友，不经意中拍了一下他的肩膀，结果这位朋友一下子倒在了地上。他的朋友对此反应如此强烈，以至于倒在那里不能动弹。在生理层面，他这位朋友对自己的身体安全非常紧张。

对于其他人来讲，对安全的需要一般不会有如此强烈的反应，但人们会担心或受制于一些鸡毛蒜皮的小事。如果你有像马克那样的心理，你很可能就会特别关注自己的室外环境：秋天，当树叶一落地的时候，你就想要把树叶都集中起来；冬天，你会担心如何铲雪；夏天，你想要把草坪都剪得整整齐齐……当所有这些事情都做好之后，你才会觉得这个世界是美好的。

同样，有一些人会特别关注室内环境。你是否对家里的卫生或洗衣房特别上心呢？我们认识一位妇女，她每天花大量的时间来清理家中的地毯，甚至地毯的毛都必须向着一个方向。你是否想要把家中的东西都摆放得整整齐齐，并要求处处显得井井有条呢？两三次地检查你的大门是否锁上或灯是否关闭？当你生活中．

许多方面都失控的时候,你是否很想要控制一些事情?如果别人不像你那么担心这些事,你是否感到自己快被气疯了呢?如果别人说以下类似的话,你是否感到很烦:"你为什么对那件事那么担心?这又不是什么大事!"这些真让人郁闷,是吧?

人们对安全的渴望,也会导致他们被金钱所蒙蔽。他们中间大多数人认为,只要拥有足够的钱,最终就会让我们感到安全。当然,这个钱的数量通常比我们现在拥有的要多。你有没有这样说过:"如果我比现在有更多的钱,哪怕多存一点点或我没有那么多账单要支付,那一切就都好了。"也许你幻想一夜暴富或者中彩票,也许你过于重视金钱,以至于你想要控制每一分钱;或者,也许你想逃避担忧,故意完全不考虑钱的事。有时候一个吝啬鬼会和一个从来不考虑钱的人结婚——那么,他们将会为了钱永远争吵下去。

黛比来自于一个对金钱非常负责的家庭。马克来自于一个对金钱不那么重视的牧师的家庭,他很少为金钱担忧。马克记住的是担心看重金钱会被别人认为没有信心。此外,如果你真的需要一些东西,你只要向别人说明自己的需要就行了。想象一下,这两个人在一起生活会是什么样子?黛比期望马克像她的父亲那样管理好家庭开支;同时,马克也期望黛比对他有更多的信任,也像他的父亲那样。黛比对钱过于担心,而马克期望最好不要去考虑钱的问题。两人都习惯了在平衡家庭支出的问题上发生冲突。如果他们在信箱里收到了一张透支的清单,原因是马克忘记了支付账单,那么一场家庭冲突就开始了。

当我们发现马克心中的金钱观念以及黛比在管理金钱上的能力之后,我们意识到实际上这两者是互补的。人们对金钱的信念来自于人们原生家庭的成长经历。今天,我们可以努力使家庭收支保

持平衡。如何处理金钱,反映的是两个人在应对自身焦虑时的不同防御措施。当然,每个人都可能有不同的处事方式,并且很可能会因为别人不照着自己的意见去做而发生冲突。

人们为健康担心,也为金钱忧虑,但最严重的却是因为孤独带来的焦虑感。我们都渴望安全可靠的人际关系,这种渴望可能会使我们担忧某人会离开我们。你是否担心你所爱的人也会同样地爱你呢? 你有没有发现自己想要做一些事情来操控对方的爱呢? 黛比和无数的女性沟通过类似问题,哪怕她们一直受到严重伤害而感到自己很生气,这些女人一心想要在自己的配偶面前显得性感。因为她们相信,只有这样做丈夫才会爱她们,才不会被人抛弃。我们甚至会否定自己的需要和渴望去取悦某些人。你在这方面是不是也陷得很深呢?

当一个人被自己的焦虑感控制的时候,他很少会说出自己真实的情感,他的神经雷达系统是持续向外打开的,用来搜索别人对自己的反应如何;并且,他总是期待所说的和所做的能有一个安全的结果。你是否发现当你想表达不同意见的时候,你会通过微笑来回应对方? 因为你心里担心,如果你对别人表示不认可,就可能发生不好的后果。如果有人问你:"你想要什么?"你的回答也许是:"我没什么关系,你想要什么呢?"

在所有的人际关系中,人们对安全的需要远远超越他们对爱和物质的需要,人们对自我的保护是非常强大的。人们会想方设法处理他们的焦虑感,控制认为相对"不重要"的事情,如健康问题、金钱问题和人的问题。人们头脑的理性大部分时间会处理自己的情绪。但当人们内心中的不安全感涌上心头的时候,人们会被自己的忧虑控制而产生挫折感,也会因为存在长时间的忧虑而变得焦虑。

第五个渴望：身体接触 (To Be Touched)

你有没有见过新生的婴儿，他们不停地哭，直到有人把他们抱在怀中并且通常单单皮肤接触就让他们感到舒适、安全？对肢体接触的渴望伴随着人们的一生，这就是为什么人们在紧张工作的日子里，同事的一个拥抱能让他们精神抖擞，这也是为什么在葬礼上人们相互握手的原因。人的身体渴望这样的接触，通过它来建立内心的连接。最近北卡罗来纳大学的科学家的一项研究发现，与人拥抱多的人患心脏病的风险降低了！接触有两种表达方式：第一，人都有性接触的需求。这是人本性的一部分；第二，人的身体也渴望与性无关的接触。当人们把这两种渴望混淆时，就会出现问题。

对性的渴望是我们人类繁殖后代、产生热情和创造性的原动力。这是一种能够带领我们生育、建造和通过发明创造以解决生活中各种难题的生命力量。换句话说，这种内在的驱动力比单纯想要发生性行为的冲动力要大得多，这也是人们激情和所有创造性的来源。所以，性的驱动不是邪恶的东西，但是当人们没有遵照道德规范所设计的健康的性关系去行事的时候，就会出现犯罪的行为。

你有没有想过，为什么我们会喜欢上很多人，但是上苍却命令我们在婚姻中必须是一夫一妻，而且在婚前不可以有性关系呢？这看上去很不公平，是吧？无数的人每天都要面对性的诱惑。人生活在这样一个时代，不管你走到哪里，你都会发现有许多性诱惑的广告、歌曲和印刷品。研究者们认为，有三分之二的男人和三分之一的女人在互联网上看过色情内容。对于许多人来讲，不正当的性行为已经成瘾。想一想那些著名的艺术家、演员、政治家甚至是宗教领袖，他们一直都在性的问题上挣扎。他们的创造性、热心和工作成果使他们取得成功，也正是这种成功使他们在性的试探上更

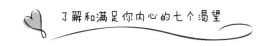

加脆弱。

如何满足每个人内心深处的生物驱动力,我们相信其答案就是通过精神和情感盟约也就是婚姻来实现。当一对夫妻在心灵和情感两方面联合的时候,生理上的激情就会有全新的表现——它成为表达心灵和情感亲密的一个方式,而不只是纯粹生理需要的释放所带来的满足感。

在婚姻中,生理需要的满足是为了达到精神上的联合。只有成为一体的联合,才能满足性关系中的精神属性;也只有婚姻中的性关系,才能够让人们得到真正的满足。进一步讲,当婚姻中间的性关系不能让你感到满足的时候,夫妻之间的情感和心灵就会产生排斥感。

第二种表达亲密接触的方式是与性无关的身体接触。人都渴望有肌肤相亲的关系,但这样的亲密关系并不一定是性关系。在人的大脑中有很多重要的化学物质,如催产素。当有肌肤接触的时候,大脑会释放出催产素,这些化学物质会给我们带来幸福感,这些物质对于我们的发育和成长是必不可少的。想一想,婴儿如果没有得到足够的肌肤接触会怎么样?他们就不会很好地成长,甚至会停止发育。如果他们的需要被严重忽略,婴儿甚至会死掉。

有一次,我们坐飞机从韩国飞美国。飞机上遇到一对父母,他们刚刚收养了一个小女孩。小婴孩很可爱,看上去只有几个月大。我们问这位父亲她多大了,他回答:"她一岁了。"看到我们吃惊的反应,这位父亲接着说:"小女孩所在的孤儿院,生活条件非常好,但是他们缺少育婴员。这些孩子大部分时间只能在摇篮里,没有人去抱他们。"好消息就是,这个小女孩现在有了爱她的父母,他们会常常抱着她,她就会健康成长。这就是身体接触的力量。

人不会因为长大了就不再需要身体的接触，即使在人长大成人的时候，他们仍然需要性接触之外的身体接触，因为这对他们的幸福感是至关重要的。然而，有多少人能够定期有这种身体接触呢？哦，你会说："我不再需要了。"也许你是一个男人，你对男人之间的身体接触感到很不舒服；或者你是一个女人，对于和男人的身体接触很不舒服。然后就有可能，你对所有的身体接触都感到不舒服。总的来讲，美国人对身体接触并不像其他国家的人那样过敏。但当我们去拜访我们在德国的亲属时，他们通常会吻我们的脸，我们也会感到不习惯。作为一个人和一种文化，假如能够更加轻松地处理与亲戚和朋友交往中的身体接触，我们也许会觉得更加轻松舒适。

第六个渴望：我是重要的（To Be Chosen）

人都渴望被人喜欢，他们愿意被某个人喜爱并建立特殊的关系。在我们很小的时候，这个渴望就开始出现了。当父母告诉我们，我们的降生使他们感到非常高兴时，我们就得到了满足。在学校里，我们渴望被选入一个小组或有人邀请我们一起玩。之后我们又向往被邀请去参加约会或舞会。在成年时，我们喜欢被邀请参加一个俱乐部或是某个社会团体，或被人看好担当一项有意义的工作。

有些人选择单身，但是会希望有朋友喜欢他；有些人渴望被别人看重，进入到婚姻的盟约之中，对婚姻的渴望表明我们期待自己是被对方唯一看好的那个人。就像一个古老的婚礼宣誓所说的："忘记所有其他的人，你愿意选择这位新娘（新郎）做你忠诚的妻子（丈夫）吗？"

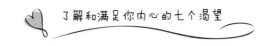

有人喜爱你是一个美好的经历,你感觉自己很重要、被人接纳、被人需要。人们常说,有人喜爱才是内心渴望的真正满足。在婚姻中,它意味着有人热烈地追求你。当你感觉到被追求的时候,你会建立关于你的自我形象:第一,你是出色的;第二,你是独特的;第三,你是重要的。当没有人喜爱你的时候,你对自己会产生扭曲的信念:我很乏味,我不可爱,我不如别人。你的渴望本来是照你的本相被人喜爱,但实际上,我们中很多人却一直在不遗余力地想借助自己外在的表现得到他人的喜爱。

想一想这样一个事实:在很多文化中,都存在着你拥有什么才有价值的社会标准。从小时候开始,人们就担心自己长得怎么样,是高了还是矮了,是胖了还是瘦了。人们关心自己的衣着是否时尚,甚至担心我们开的车的档次。马克有时候就想,是不是开一辆宝马或奔驰别人就会更喜欢他。

拥有金钱有助于人们感觉是否被认可。在大多数的文化当中,拥有财富是被人认可的一个象征。拥有一定的社会地位也是如此。成为白领阶层比蓝领工人要好,是不是这样呢?成为一个公司的总裁就说明你非常聪明吗?从事家庭之外的工作好像比干家务更有价值吗?

可悲的是,每一种文化事实上都会排斥一部分人,并把他们变成不受欢迎的人。在我们上学校时就开始了:某某人是"书呆子""怪才",某某人是"笨蛋"。你们中间有谁真的出生于一个相对而言的所谓的"坏"家庭呢?顶多也就是你的原生家庭比较贫困而已。有时候,是你当地的民族和种族文化不接纳你。我们的非洲裔美国朋友说:在他们的成长过程中,他们的肤色就是渴望得到他人喜爱的一个障碍。理论上讲,美国的伟大之处之一就在于我们愿意包容和接纳每一个人,但事实上,很多来自少数民族的人却发现,当他们来到美国以后并没有被人接纳。

第七个渴望:归属感(To Be Included)

　　渴望有归属感和渴望得到被接纳密切相关,但归属感的内涵要更丰富。人渴望在与他人的相处中建立友好的关系,人渴望有归属感。这种渴望和人类的群体性有关,人渴望成为某一个团体的一分子。这会帮助他们感觉到自己并不孤独,使他们拥有幸福感;这种归属的感觉,还能给他们所需要的安全感。拥有归属感对生理和精神会大有益处。

　　人的心灵都渴望有一个属于自己的家,这就是归属感的开始。当知道自己属于一个重要群体的一分子时,这种感觉是多么美好!我们有父母和亲属,我们的家庭可以扩大到爷爷奶奶、叔叔婶婶和表兄表妹,大家属于一个家族,我们为自己的姓氏和家族背景感到骄傲。我们通过家庭团聚来表达亲情。我们会研究家谱,了解自己家族的历史,寻根到我们的祖先。

　　当感觉不到自己属于一个家的时候,我们会十分难过。有人也许感觉自己在家中被排斥,好像一个无家可归的人或是被家人看成是败家子。我们辅导过的人有些是被收养的孤儿,他们很幸运,因为遇到了富有爱心并接纳他们的家庭。当他们拥有某种程度的归属感时,他们的内心就渴望知道自己是从哪里来的、自己到底属于谁。有些人因为原生家庭的特殊经历会选择归属于新的"家庭"。

　　当一个人慢慢长大的时候,他渴望拥有一群朋友,他们可以是邻居或学校的孩子们,也可以是活动小组成员。小时候,人们加入过很多的群体如青年小组、社团、球队……属于一个组织可以使人

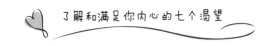

们产生重要感。

这种强烈归属感的需要，甚至是黑社会形成的原因。因为许多年轻人没有父亲可以归属，他们加入黑帮，给予自己归属感。

在美国，格林湾足球队的球迷们和明尼苏达足球队的球迷一直是竞争对手，其中的一队球迷会穿黄绿相间的衣服，另一队穿紫色和金黄色的衣服。格林湾队的球迷在他们的头上涂着奶酪（我们称之为"奶酪头"），明尼苏达队的球迷头上戴着海盗的帽子。很多球迷穿着有球队标志的衣服，特别是印有他们崇拜的球员的衣服。为什么要这样呢？因为他们渴望有归属感，并且因着归属在这个球队而被大家认可。

问一下你自己，你属于多少个社团？或者你渴望属于哪些社团？考虑一下你所在的社区和城镇，想一想所有的俱乐部、机构、大学生互助会及妇女联合会。这些也许是你想要参加或归属的社团。你会不会去加入一个不愿认可你的俱乐部呢？在里面你会有什么样的感受呢？你有没有想到有些社团的要求较高，你不过是刚好达到他们的要求时的感受呢？

有些社团是健康而有趣的，哪怕他们中间互相竞争，但却能创造出健康的且令人兴奋的活动。健康的社团，像妇女联合会，会赞助一些服务型项目，或者像教会会有一些宣教工作，让我们有机会去服务他人。

但当我们的焦虑占据内心的时候，问题就产生了，因为我们很想让自己加入到"好"的社团中去。因焦虑感驱动就很想要加入好的社团，还会要求自己应该生活在一个好的国家或者是好的民族当中——我们的国籍和民族或种族必须比别人的更好。简单说，渴望归属因害怕不被接纳而扭曲了。

最后必须指出,有时候当人们很想归属一个社团时,他们会想着把别人排除在外。想一想大学新生,他们想方设法要进入校园里的大学生社团,当他被邀请加入之后,就想要保持这种感觉,即他是这个社团的一分子,因而他与众不同,所以当下一年的新生报名参加的时候,他就会想办法来反对其他学生加入,并把他们排除在外。

为加入一个好的社团你曾经做过什么呢? 当你真实的感觉是"不"的时候,你有没有说过"是"呢? 当你并不相信一件事的时候,你有没有说过你"信"呢? 你有没有明明不知道某件事情却假装自己知道呢? 你是否想要证明你是对的、别人是错的,而把某人排斥在外从中获取"安全感"呢?

全人类的渴望

现在我们开始理解内心的七个渴望,我们希望自己对生活中所经历的各种问题都开始获得一个新的认识;包括自己的或别人的问题,在每一个问题的背后,都有一个想要满足的内心渴望。当我们开始理解到这一点的时候,相信我们会变得对自己对别人更加包容、更加亲切。

明白人们拥有心灵深处的共同渴望是非常重要的。不管人的年龄、性别、种族背景或文化如何,每个人心中的七个渴望都是相同的。当我们记住这一点的时候,我们会花更多时间去寻找自己生活中共有的这些渴望,而不是总盯着那些使我们人际关系分裂的表面问题。我们将会知道在我们的心灵深处都有渴望,并因着这些渴望使我们彼此包容。

我们在美国和许多国家一直都宣讲这七个渴望。不管我们走

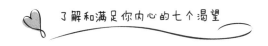
到哪里,都会看到有人因明白这七个渴望而产生共鸣。在全世界都能看到人们发出认同的笑声。对我们来讲,每一次和别人分享这些渴望,都让我们感受到自己与听众的心紧密相连。我们希望,当读者您对这些渴望有更多了解的时候,您也会感受到与您所爱的人之间更加心心相印。

本章思考要点

- 在你小的时候,你的七个渴望中的哪一个得到了完全的满足?

- 谁帮助你满足了这些渴望,妈妈,爸爸,还是亲属,或其他爱你的人?

- 哪一个渴望是你最希望得到满足的?

- 那一种渴望对你来讲最容易给予别人?

第二章

看到的问题都不是真正的问题

当人们学会认清生活中真正的问题——去满足自己内心的各种渴望时,人们便能开始正确的选择,从而进行内心的医治并获得满足。

找我们咨询的人总是带着自以为知道的问题而来。然而,我们发现,他们所讲的问题很少是真正的问题。我们俩都是 20 世纪伟大的家庭问题治疗师之一弗吉尼亚·萨特的学生。她常常这样说:"你们所看到的问题从来都不是真正的问题。"在任何情况下,我们都可以找到人心中所没有满足的渴望,这才是真正的问题所在。

为了帮助你理解如何把这两者结合起来,我们整本书都会贯穿萨特所提出的一个诊断模式。很多人已经使用过这个模式,并且接受和采纳了它。它被称为冰山模式(The Iceberg Model)(见下页图 1)。

冰山通常只有 10% 在水面上,90% 都在水下。注意,在图 1 中人们能看到的问题就是水平面以上 10% 的部分,而水平面以下 90% 的部分是人们心里追求的真理和七个渴望。在冰山的底部是最初的自己。在这个最初的自己的上方,是我们内心共有的七个渴望。在顶部的问题与底部的渴望之间,分为好几层,每一层都告诉

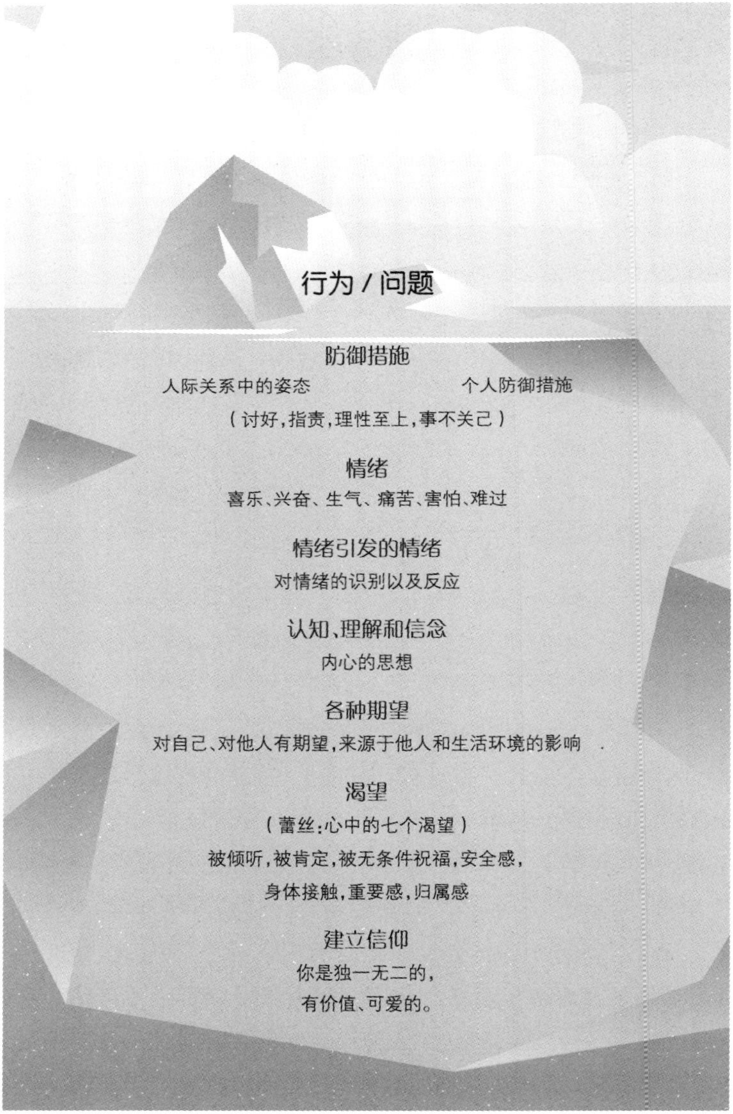

行为／问题

防御措施

人际关系中的姿态　　　　　个人防御措施

（讨好，指责，理性至上，事不关己）

情绪

喜乐、兴奋、生气、痛苦、害怕、难过

情绪引发的情绪

对情绪的识别以及反应

认知、理解和信念

内心的思想

各种期望

对自己、对他人有期望，来源于他人和生活环境的影响

渴望

（蕾丝:心中的七个渴望）

被倾听，被肯定，被无条件祝福，安全感，

身体接触，重要感，归属感

建立信仰

你是独一无二的，

有价值、可爱的。

图1　冰山模式

我们内心世界的某些方面。当知道并且理解这些层面的时候,我们就能够看到并且理解人们最初的自己是如何被扭曲的。在后面的章节中,我们会仔细考察每一个层面并且让你看到如何把表面的问题和内心真实的情况联系起来进行考虑。

在这一章中,我们将会告诉你那些你自以为明白,但实际还没有明白的问题。当你想要解决所看到的问题但实际上却不是心灵深处的核心问题时,就会有挫折感;想要通过改变行为来解决这些面临的问题,这就好像为内心深处的创伤贴了个"创可贴"。为了理解内心深处的痛苦,你必须进入隐藏在表面问题下面的真正问题当中。

通常人们看到的问题,是那些每个人都能说出来并且看得见的外在行为。处理人们看得见的问题,比处理他们内心深处的问题要容易得多。有的人心里面的痛苦很深。我们大部分人不知道如何去谈这种痛苦,因为我们不喜欢也不懂得如何来面对痛苦。而且,也没有人来告诉我们该如何表达我们内心的问题。

我们希望本书能帮助你开始认识自己生命中内心深处的痛苦。当你最终学会说出自己的痛苦时,你就可以选择用什么方法来医治自己内心的真正问题。你可能会受到试探,故意忽略你内心深处的痛苦(甚至把这本书放下!),但是你最终会发现,认识到自己的问题的真正来源,将会改变你的一生。知道痛苦的真相将会使你发现医治内心最深处痛苦的方法。

1987年当最终找到帮助我们修复婚姻关系的方法时,我们才知道婚姻出问题实际上是因为马克在性关系上出了问题。当马克第一次参加治疗的时候,他很害怕那位女治疗师会对他的行为进行论断。事实上,当马克讲完他的经历之后,她看着他说:"你一定经历了很多的痛苦。"这对马克来讲是多么大的释放啊！

不要误解，这位治疗师并没有让他脱离困境。他仍然需要向黛比以及其他人完全认错和悔改并修复关系，而且在他的生活中要作出许多改变。奇怪的是本书的治疗方法，确实帮助马克认识到他的性上瘾行为并不是问题的核心，而是他从儿童时代就铭刻在心灵深处痛苦的一个外在症状。马克从来没有想要承认或处理他童年时期所遭受的虐待，但在辅导员的帮助下，他现在开始这样做了。当他这样做的时候，就开始了他内心最深处的医治。

以下是几个能够看到的外在行为的案例，但实际上，根源都是人内心的七个渴望有一个或几个没有得到满足的反映。

史蒂夫和凯西

史蒂夫是五个孩子之一，他在家排行老三。他常常因家中的忙碌而被忽略。在他早年想要说话的时候，要么没有人听他说，要么有人对他说"过一会儿我们再来照看你"。有时候，其他人甚至说他说话的方式很傻、很幼稚。在学校，为了引起别人的注意，有很多孩子抢着说话。逐渐地，史蒂夫开始变得安静和孤僻，他放弃了沟通。他想，与人沟通有什么好处呢？

当史蒂夫上高中的时候，他开始和女孩子约会，但所有的女孩最终都离开了他，因为他太安静了。之后，他认识了凯西，凯西成长的家庭正好相反，每个人都抢着说话。他们家共进晚餐的时候，简直就像在疯人院，每个家庭成员都想插话。他们中大多数人，包括凯西，都学会了用大嗓门来压过其他人。凯西发现，和她成长的家庭相比，史蒂夫让她感到轻松愉快，她不需要去抢着说话了，因为他很安静。他们约会了两年，后来，凯西问史蒂夫："你认为我们该结婚了吗?"

　　在他们的婚姻不断发展的过程中,凯西对史蒂夫的静默越来越感到难受。她逐渐开始相信,她自己根本就不了解对方。当她为此事生气的时候,她发现她自己的嗓门越来越大,是想要从他那里得到回馈。另一方面,对于她的愤怒,史蒂夫反而变得更加安静。他们两人去了几次教会赞助的婚姻讲座。在那里,他们学习了一些沟通的技巧,但是仍然有挫败感,因为他们看上去从来没有真正掌握沟通的方法。

　　史蒂夫和凯西的问题,其实不是他太安静或者她在谈话中太强势所致,真正的问题是,他们两人都有着内心深处没有被倾听和理解所带来的痛苦。

塞尔吉奥和莉亚

　　塞尔吉奥是一个工作狂,他从事两份工作。即使当他不工作的时候,他总是在家里忙于一些事物。妻子莉亚感到很灰心,因为她感到丈夫从来没有时间和她一起做一些事情。她说,他们婚姻中出现问题是因为丈夫强迫自己工作。

　　塞尔吉奥的老板们都喜欢他,因为他们知道塞尔吉奥总是能把工作干好,他们肯定他付出的努力以及凡事都做得井井有条。塞尔吉奥喜欢老板对他这样的关注。在他成长的过程中,他家里从来没有人在他做的任何事上肯定他。事实上,他常常被家人看成是一个懒汉。他在学校里成绩很好,但没有人真正注意到并鼓励他继续上大学。现在,他常常为自己低收入的工作感到纠结,并且认为如果他工作更加努力,也许可以得到晋升。

　　塞尔吉奥渴望被人肯定、被无条件地祝福——想要知道自己工

作干得很好、自己是有价值的。与此同时,莉亚想拥有重要感和归属感。

胡安妮塔和卡洛斯

胡安妮塔来接受辅导时,抱怨她的丈夫卡洛斯,因为丈夫对她失去了兴趣。她从来没有对卡洛斯不忠,并且喜欢和他有性关系。当他对自己没有兴趣的时候,她感到很失望。胡安妮塔对此的解释是,自己变老了,吸引力下降了。她尝试了化妆品和抗衰老面霜;她运动,穿时髦的衣服;她买各种各样性感的内衣和睡衣……但这一切看上去都不起作用。

胡安妮塔小时候受到过父亲的性虐待。在她的成长过程中,她认为与人有身体接触的唯一途径,至少被男人触摸——就是发生性关系。在青少年时期,她和好几个男孩有过性关系,但胡安妮塔并不了解,她真正渴望的是与性无关的身体接触和拥抱。如果她懂得如何处理她早年受到的性虐待,她就会明白,丈夫给予的与性无关的爱抚和性关系同等重要。

胡安妮塔因性需求造成的压力,逐渐地使她与丈夫卡洛斯疏远。说来也怪,虽然卡洛斯很享受性生活,但有时,他真正想要的也只是一个简单的拥抱或爱抚,并不一定要发生性关系。

琳恩

琳恩一直在经历一些困扰,这主要是她到商店买衣服的时候,她喜欢讨价还价,常常把自己不需要的衣服买回了家。为此,她的信用卡严重透支。她知道自己需要去见见信用卡理财顾问了。

除此之外,琳恩总是过于纠结自己的长相。从她还是小姑娘的时候,就开始担心自己没有魅力,但她相信至少可以通过打扮使自己有魅力。她常常发现别人会称赞她的打扮,使她感到自己很可爱。当别的女人到她房间来的时候,她总是要端详她们,看看她们有没有魅力、她们的穿着怎样。

最近,琳恩又开始琢磨,她能否有钱支付隆胸手术的费用。她想,男人们肯定喜欢胸部丰满的女人。迷恋购物和自己相貌行为的背后,是她内心被别人肯定的渴望。

以赛亚

就像他自己想的那样,以赛亚的问题是幻想。大部分的问题是由他的性幻想导致的。这些幻想使他不能安心工作,而且和妻子的性关系也变得越来越枯燥。以赛亚发现自己总是盯着别的女人,他单位上的女同事向老板抱怨说,只要在他身边,就会感到很不舒服。

以赛亚还有其他的幻想,在他心里面,他想象自己是一位体育明星、一位富翁或者是一位很有权势的人。

就像以赛亚一样,当我们感觉无法实现我们内心渴望的时候,幻想可以成为一种实现渴望的方法。以赛亚拥有的各种幻想好像已经使他内心的渴望得到了满足。在他的幻想里,人们都得听他的,并且理解他。在他富有创造性的想象中,包含许多肯定。在他的幻想里,他是一个好人,他拥有无条件的祝福和赞美。以赛亚的幻想是安全的,因为他总是想象事情的结果都是成功的。他的性幻想给他带来亲密的接触。无论以赛亚想象什么,他都是一个在别人眼里很重要的人,并且他总是被接纳,以赛亚的七个需求都满足了,他成了一个"应有尽有"的人。

错误的解决方法和快速治疗 ✿

当人们不能正确地分辨生活中的真正问题时，就无法找到持久的治疗方法，于是会感到孤独、受挫、生气或焦虑。人们找不到持久的满足，因为他们是寻找错误的方法来处理尚未识别的问题。错误的方法总是使人沮丧，从来不会满足人们，但它们至少能提供暂时的释放，因为它们不需要花多少时间和资源，这些权宜之计往往对他们更有吸引力。然而，当人们只是去解决表面问题的时候，我们内心深处的情绪总会带出新的问题。举例来讲，人们从经验得知，在上瘾的行为中，一个人可能会通过酒精、毒品、暴饮暴食或者性犯罪使自己感觉舒服一些。但是，如果她／他得不到深层次的医治，新的问题将会浮出水面。

当人们学会认清生活中真正的问题—去满足自己内心的各种渴望时，人们便能开始正确的选择，从而进行内心的医治并获得满足。

本章思考要点

◈ 想一想在你生活中目前面临的问题，用一句话写出来。

◈ 认清你当前问题背后的内心渴望。

◈ 如果你对某人生气，你能否认清你内心的渴望究竟是什么？

◈ 如果你和某人有冲突，你是不是能够识别出双方内心共同的渴望是什么？

第三章

你究竟是谁

每个人都是一个奇迹,值得拥有无条件的爱。

——弗吉尼亚·萨特

在冰山模型的底部揭示了人们最初的自己。每个人都是奇妙无比的创造物,都是独一无二的。你来到这个世界不是要受到伤害,而是要繁荣昌盛。在你的人生中,这些真理是如何被运用的呢? 早在童年时代,对每个人来说:扭曲真理的挑战就开始了。

在心灵深处我们生来就有七个渴望,人生来就需要被人倾听和理解、被肯定、被祝福、有安全感、身体接触(健康的方式)、有重要感和归属感。但是,所有的父母都不是完美的,人所生活的世界也是不完美的,因此人们的渴望并不总能得到满足。从小时候起,当人的内心需求缺少满足时,他就学会了如何应对。

即将为人父母的人会明白我们下面要说的话:当生第一个孩子的时候,他们渴望自己会成为无条件爱孩子的父母。他们将会永远有耐心,总是很慈爱,鼓励孩子,给予孩子所需要的一切——被倾听、肯定、祝福,保持安全、健康的身体接触,重要感和归属感。他们将会保护孩子免受伤害,教给他所需要做的一切,使他避免在生活中受挫。这一切,人们都会做好——非常完美。

当宝贝孩子真的来到人们生活中后,现实和他们的理想差距

会很大。马克在研究生院学习,黛比全职工作支持他的学业,看起来他们根本不可能有足够的时间、金钱和睡眠来把所有事情都做好。不久以后,他们的家庭又增加了两个孩子。很显然,如何做父母将成为他们持续的挑战。有时候,他们做得比别人好,他们从不缺乏对三个宝贝的爱。但他们常常会因自身的限制不能够满足孩子们内心所有的渴望。

所以,当你降临到这个世界时你会面临什么情况呢?无辜,依赖他人,等待着有人爱你、有人喂养、有安全感,照着正确的自我形象成长。我们每个人生来就需要听到别人说"你是可爱的","你是被人喜悦的","你是有能力的","你是重要的","你是有价值的","你的人生是有意义的"。

在一个完美的世界里,人不仅奇妙、可爱,而且整个童年都会拥有来自父母无条件的爱。父母有恒久的耐心,拥有无限的资源以及抚育我们成长的能力。他们还将生活在一个朋友、老师、社区成员都会公正地对待他们、肯定他们、接纳他们、鼓励他们成为优秀的孩子的世界里。在这样一个完美的世界里,美好永远不会改变和结束,人们的计划总是能够实现,所有的事都是公正的,并且每一个人都会爱他们、永远对他们忠诚。

人们寻求满足和无条件的爱所遇到的挑战在于,世界并不完美,我们生活在一个不完美的世界里,没有一个完美的家庭,没有一个完美的学校、邻居或者能够满足我们内心渴望的社会环境。很多人竭尽全力去寻求爱,但即使如此,生活也不完美。在一个不完美的世界里,到处都有不完美的人,大家都想得到别人的照顾,你会在其中受伤。这是世界上每个人生活的真实写照。

从这一点来讲,在你继续往下读本书之前,我们想停下来请你认同三个问题：

　　第一，请你放弃关于原生家庭非黑即白的观点。因为没有完全好的或健康的家庭，也没有完全坏的或不健康的家庭。你不必决定你是否来自于一个不良的家庭。我们都来自家庭，所有的家庭都有很多的不完美。

　　第二，请不要把你所遭受的痛苦、伤害与别人特别是你的配偶（如果你有的话）进行比较。你在心里可能会听到这样的声音："我的经历和某某人不一样，因此我不应该有任何问题，并且我也没有痛苦。"关于这一点，另一种说法是："我来自一个糟糕透顶的家庭，我怎么还可能期望得到医治呢？"放松自己，让自己心里面这个声音安静下来。

　　第三，要求你先把自己作为父母可能犯过的任何错误放在一边。这一章的焦点是你和你生活中的经历。在情感和心灵成长的过程中，你有机会去悔改、弥补自己犯过的错。从现在开始，请你关注你身上所发生的事情。

　　人们会受到两种伤害：

　　第一种是在你身上发生了不该发生的事，你受到了伤害，本应该保护你的安全界限被越过了，这是一个遭受侵犯的问题。

　　第二种伤害是你最基本的需要和渴望没有得到满足。这是一个被忽视的伤害。你在情感上、身体上和心灵方面都可能受到侵犯或被忽视。

侵犯造成的伤害

　　当你在生活中因被侵犯而受到伤害的时候，在你身上会发生本不该发生的事。你可能会有身体上的疼痛、情感上的受伤、心灵

上的扭曲或性方面的虐待。记住,这种伤害会激起你害怕、愤怒和焦虑的情绪。

在下面的图表中,你会看到,一个人在情感、身体、性、心灵方面是如何受到侵犯和虐待的。注意,当有人侵犯你的时候,他们的界限就松开了——换句话说,他们没有控制好他们的言语和行为,而你受到了伤害。

侵犯的行为

情感	身体	性	心灵
大喊大叫	挨揍	身体被人挑逗	听到上天是惩罚人并且易怒的信息
尖叫	打屁股	黄色幽默	自以为义
贬低	推 / 挤	错误的性知识	对性的负面信息
直呼其名	严厉斥责	触摸到性器官部分	不健康生活的榜样
侮辱	看到照顾你的人殴打别人	被逼迫看他人性交	对信仰非黑即白的观念——没有机会提问或探索自己的心灵世界
心灵强奸——告诉你,你的想法或情绪是错的	束缚你,不让你运动;离开你或让你自己照顾自己	接触色情内容	假冒伪善——照顾你的人告诉你属灵的真理,但他们自己不照着去做

续表

情感	身体	性	心灵
乱伦——要求孩子来照顾大人的情感（让大人开心）		穿衣服、洗澡、上卫生间的时候没有隐私的空间	告诉孩子不应该有需求，因为这是自私的表现
指责		当你不想做的时候，强逼着你去接吻、拥抱或触摸别人	
批评		和比自己大几岁的孩子有过性体验	

　　珍妮的爸爸晚上常常和朋友一起去喝酒，喝醉了才回家，为此，她妈妈和爸爸经常吵架。妈妈为了发泄怒气，把家里的锅碗瓢盆扔得到处都是。当珍妮走出房间时，她很吃惊也很困惑。父母告诉她："回你的房间去，别说话！"尽管她从来没有挨打，但亲历一个一直没有安全感的家庭，她受到了心理上的侵犯。

　　在吉里米的家庭中，孩子们被要求在任何时候都要把房门和卫生间的门打开。他的父母坚持认为，这样做就不会有任何秘密和坏行为发生。因此，他们在家里的隐私权被完全剥夺了，这是一种更加隐蔽的性侵犯方式。

　　当埃德加有了不好的行为时，他的母亲总是问他："耶稣会那样做吗？"所以埃德加的名言就是："我知道耶稣恨我这样做，因为我妈妈是这样告诉我的。"这就是心灵层面的虐待。

　　简在田径场上扭伤了她的膝盖，她的父亲对她说："你应该带着伤痛继续比赛。"简从这样的话中学会了否定自己的疼痛，这就

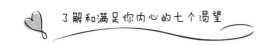

是情感虐待的结果。

阿尔贝托的母亲在他父亲去世后非常孤独,他母亲让他成为"一家之主",要求他像一个丈夫应该做的那样来照顾她。当他结婚以后,阿尔贝托觉得很难专注在妻子身上,因为他不能忽略他的母亲,阿尔贝托遭受到情感上的伤害。

玛丽在壁橱里发现了她父亲存放的色情照片,当她看到照片上女人做爱的动作,她的大脑里就深深地留下了"女人和男人在一起"会是什么样子,这就是一种性侵害。

我们很多的客户会与我们分享他们在上学期间被侵犯的经历。有些人的身高会比实际年龄要矮,或比别人长得胖,或学习能力差,或运动能力不协调等。有些人会被嘲弄,有些人被排斥在群体之外,有些人挨打或受伤,仅仅因为他们的生理或语言缺陷。小孩子们相互之间也会非常残忍,而往往没有成年人知道或能够阻止他们的这种行为。这种侵犯在他们的心中带来了情感方面和性方面的痛苦和伤害,扭曲了他们正确的自我形象。

当你思考这几个例子的时候,看一下下面的表格,花几分钟想一下你自己的生活。然后制作一张自己的表格,列出你被你的爸爸、妈妈、兄弟、姐妹、朋友或其他人可能侵犯的地方。

你在生活中遭受侵犯的途径

	情感	身体	性	心灵
爸爸				
妈妈				

	情感	身体	性	心灵
兄弟姐妹				
朋友				
其他人				

你可能不会把你生活中发生过的所有伤害一下子都列出来，但是一旦你决心进行自我分析的时候，你会开始想起或注意到更多的事情。我们邀请你成为自己生活的一名善意的观察者。了解各种伤害的来源。不是要去谴责那些你所爱的人，而是去关注对你生活造成影响的那些事情，并且影响你成年后内心渴望的东西。

被忽略的伤害

当没有获得和满足你内心基本需求和渴望的时候，你会有被人漠视的感觉。你会感觉在情感上、身体上、性和心灵上被人漠视，并且很难找出自己被漠视的原因。因为这些渴望如果没有得到满足，我们就压根不会知道我们实际上拥有这些渴望，我们在生活中对这一切已经变得习以为常了。我们对此没有其他期望，只有当你和别人沟通或看书时你才会去思考并和别人比较，发现自己的生活为什么和别人的不一样。

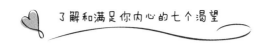

了解和满足你内心的七个渴望

下面的表格列举了各种忽略行为。如果承担抚养义务的成年人放弃或忽略满足孩子们渴望——一般是因他们的管教过于严厉,换句话说,他们就没有把孩子应该得到的给他(她)。

成长过程中被漠视和忽略的地方

情感方面	身体方面	性方面	精神方面
没有人认真倾听(听到你的想法,理解你的感受)	一个人待着	父母在亲密感方面没有做好榜样	没有信仰方面的榜样
缺乏被照顾和哺育	被交给亲属和他人照顾,他们往往忽视孩子的需要	缺乏必要的性知识	信仰方面缺乏装备
缺乏被肯定和祝福	在饮食、住房、衣服方面不足,缺医少药	缺乏与性无关的身体亲密接触	不确定信仰的祝福以及信仰为我们制定的人生规划和人生目标
隐藏事实或说善意的谎言	认为关心自己的需要是自私的,在这方面没有做榜样		依靠自己,独立面对生活的挑战

就像你前面所做的那样,花几分钟想一想你自己的生活,用下表的分类画一张你自己的图表:爸爸、妈妈、亲属、朋友或其他人。在每一列中,列出你可能一直被漠视或忽略的地方。

你为什么不快乐?

你在生活中被忽略的途径

	情感	身体	性	心灵
爸爸				
妈妈				
兄弟姐妹				
朋友				
其他人				

　　与被人忽略的方式相比,受侵犯的方式更容易识别。侵犯或者侮辱包含能看得见的行为或者能听到的话语。如果你因为做错了事被人打破了头,你的伤口很容易看到。因为考试失败你受到指责"你什么事也做不好",这种伤害也容易看出来。然而,被人忽略或者得不到你所需要的和渴望的,却是一种无形的伤害。

　　被漠视和忽略经常是不易察觉和无声的伤害,它在很长时间内会以温和的方式出现,你要花更长的时间才能意识到你生活中所失去的一切。你所做的任何事,可能从来没有得到肯定,因为大家认为这就是你应该做的。当你想要表达害怕情绪的时候,大人可

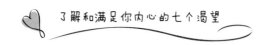

能要求你保持安静,或者告诉你:"老天不想看到你害怕。"当你得不到别人的欣赏或没有人倾听和理解你时,你就很难描述你真正失去的是什么。

不管你是在什么环境里长大的,你性格中积极和消极的一面都会受到成长过程中各种环境的影响。如果你想要开始思考你的生活历程,并且理解这些事情是如何影响你的,你得愿意从两个方面来看问题。让我们来看一看下面两个例子。

安妮卡生活在一个非常安全且物质条件丰厚的家庭。她的父母照顾她所有的需要,她从来不需要为任何事情担心。她的父母也替她对困难的事作出决定,所以她也没有什么事可以担忧。如今,在做任何决定时,她承认都会感到困惑,缺乏自信。

另一方面,卡尔的成长缺乏安全的环境。由于他父母双方都要工作,卡尔小时候大部分时间都和他的兄弟姐妹一起生活。他的哥哥们经常恶意地开他的玩笑,欺骗、戏弄他。父母在生活上也对他照顾不周。由于他常常遭受到身体的虐待,卡尔学会了用聪明的方法来保护自己。当他长大后,卡尔加入了海军陆战队,并且成为了特种部队的军官。他的体力和胆量使他能够参加极端危险的行动。

上述例子恰好说明,父母的行为以及培养方式都各有长处和短处。实际上,世上没有能够满足我们所有需要的完美家庭或完美社区。

受侵犯和被人忽略的严重后果

受到持续的侵犯和忽视会有长期的后果,受过这种伤害的人通常会带着伤口生活。当我们谈到伤口的时候,我们是指你所形成的关于你自己的错误认知。让我们看一下它是怎么形成的。

第三章　你究竟是谁

当你小的时候,你完全依靠身边的人来照顾你的每一个需要——喂你吃饭,给你洗澡、喂奶,给你安全感,并且最终要教给你如何做事。只要你的需求和渴望得到照应,你就会对自己感到满意。

当你的父母、兄弟姐妹或社区没能照料到你的需要,或选择以某种方式来伤害你时——你就开始形成关于你自己对这个世界的认知。当侵犯和忽略发生的时候,你还年幼,还不懂事,你不知道如何用健康的方式来处理这样的经历。你甚至会想到自己该受责备,并且你为自己的经历感到羞耻。你的心里形成了一些关于自己的错误认知,你用双眼看世界的时候会有一个滤镜,会有偏差以及错误的认知。

举例来说,从小到大,玛利亚一直认为她父亲不爱她。实际上,她父亲是个努力工作供养家庭的好父亲。玛利亚是这个家八年中所生的第四个孩子。她出生后,她的父亲要靠做两份工作来维持生计。虽然不是她自己的错,玛利亚却感到自己没有得到父亲的关爱,尽管父亲爱自己的女儿,但他大部分时间都在工作不在家。她的兄弟姐妹都有和父亲一起玩以及坐在父亲腿上吃饭的开心经历,玛利亚觉得她一定不如别人那样值得爸爸关爱。而她觉得自己不值得爱的认知是错误的。但是,由于她父亲极少在她生命中出现,她感觉受到了伤害,而且错误的信念在她心中滋长。

就像这些故事所告诉你的,从你出生开始就有满足内心七个渴望的需要。你盼望从那些爱你的人那里得到满足。当这些渴望没有满足的时候,你最终会失望、生气、悲伤或者焦虑。你不再相信以下真理:"我是可爱的,我可以得到供应,我是独一无二的、有天赋和无价的",并且形成了关于自己与他人关系的新的认知。这

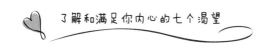

些伤害在你所有的人际关系中一直如影随形,并且你会寻求那些要么能认同你新的信念的人们,或把你从错误的信念中挽回的人们。

当你年轻的时候,如果你能有一个安全的环境来谈论这些信念,你也许有机会来重塑这些信念。但只有很少人能有机会与那些鼓励你分享的人在一起生活。相反,你会隐藏这些想法,并且开始把你的失望和错误信念通过各种情绪表达出来。

本章思考要点

- 当你读这一章时,你自己的一些故事可能会浮现出来,不管你想要得到什么样的医治,请你先静下心来认真对待自己的一些"故事"。

- 如果你还没有这样做,请仔细检查那些表格,把你受到的侵犯和忽略,用笔标记出来。

- 由于这些伤害和忽略,你形成了哪些自我认知?

- 把你所认识到的事情告诉你所信任和爱的人。

第四章

期望：怨恨和怒气的发源地

有谁的内心需求得到完全满足了呢？我们都在提一些别人无法满足的要求，之后又因他们做不到而愤怒绝望。

——伊丽莎白·布朗

这是一个阳光灿烂的周六，艾丽莎开始叫三个孩子起床，照顾他们穿衣吃饭。她还要帮他们洗澡、铺床，准备全家的外出活动……通常这些日常家务不会引发什么是非，因为这些都是她分内的事。但今天是星期六，她丈夫在家里躺在沙发上看报纸，旁边摆着一杯咖啡，根本没有在意家务的繁忙，也没有帮她干点家务。

接近中午的时候，艾丽莎变得非常生气。她一件又一件地干着家务活，并在经过丈夫身边时故意跺着脚，气得连看都不想看他一眼。之后，他们整个周末都在争吵中度过，因为丈夫约西亚对家务无动于衷，家中的气氛只是表面上的和睦。艾丽莎和约西亚两人都伤心和失望透了，因为又一个周末就这么毁了。

在她前来咨询的过程中，艾丽莎向黛比诉说了她这个周末的失望。黛比问她："你有没有向约西亚说让他来照顾孩子呢？"艾丽莎气极了："这还需要问吗？他应该知道我的需要。"

隐藏的期望（Unexpressed Expectations）是生气和愤怒的来源，正如古语"和睦邻居十二步"中所说的那样。不管它说得合不

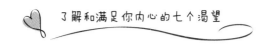

合理,隐藏的期望会导致失望以及人际关系上的排斥感。请注意:在冰山模式的图上,渴望的上面就是我们的期望。

为什么人会拥有期望呢?

期望就是不说出来的需要或希望,你有期望是因为你生来就有需求和渴望。在一个完美的世界里,你童年时代的任何需要都不会缺乏,爱你的父母会照顾你所有的需要。而在一个不完美的世界里,所有你想满足的需求和渴望都是破碎的——你不得不自己去思考如何才能用合适的方式来满足自己。从此,你有了别人应该有能力在生活中帮助你并满足你所有渴望的期望。

每个人都有很多期望。如果认为人过上富足健康的生活,就可以消除诸多的渴望,这个想法是不切实际的。人的渴望是在心灵的深处,人们的需求是很真实的。在生活中,当人需要或想要的东西匮乏时,谁都不会喜欢由此带来的痛苦。然而,人可以学习了解自己的期望,并在如何处理自己的期望方面作出更好的选择,从而使自己的生活更加快乐。

期望本身并不是一个问题,然而当人的期望隐藏在心灵深处以至于无法清楚地表达出来时,问题就出现了。其实,一个人可以用自己的期望来开导自己以及他所爱的人:我心中的渴望究竟是什么? 迄今为止,生活中我是如何失去机会满足这些渴望的?

为什么期望会伤害人并且使人感到失望?

既然会产生那么多的伤害和失望,为什么人还有期望呢? 这些期望是什么呢? 为什么它们在人际关系中的影响如此强大?

第四章　期望：怨恨和怒气的发源地

期望就是"心里期待发生的一些事或出现的一些结果"，它是"期望、期待、指望、想要、要求、请求或坚持得到"。当人们找出这些定义的时候，就会感受到期望的爆炸力。首先，如果你不能够将你的期望具体化，也就是说，把它们从你心里拿出来和别人进行沟通、交流——你到底想要或渴望什么，别人就很难搞清楚你的期望。

当心存对他人说不出口的期望时，你就好像在心里埋下了地雷。你寻求帮助，希望有人能进入你的心田来拆掉这些地雷，但是他们根本不知道地雷在哪里！在没有任何线索的情况下去了解别人的需要和渴望会让人感到非常有挫败感。想帮助你的那个人从一开始就注定会失败，因为如果连一个人的需要都不知道，想要帮助和安慰一个人是不可能的。而且，不去和别人沟通你的期望，会导致你的人际关系出现僵局。你会生气难过，你会和你所爱的人疏远，失望、怨恨、愤怒的情绪就会恶性循环下去。

如果没有人告诉你如何去表达你的需要和渴望，你将会不停地去寻找能读懂你内心需要的人，认为他们就可以给你所想要的。你甚至会告诉自己，如果你的朋友真的够朋友，或者你的配偶真的爱你，或者你的老板真的很器重你，你不需要把你的需求和渴望说出来，他/她会很自然地了解你的需要。你告诉自己，理解你的人也应该从你的面部表情、叹息、超负荷的工作中知道你想要什么，或者如果他们是非常敏感的人，他们应该知道你需要被肯定、包容、爱抚或是其他的什么。

"应该"会转变成指责和要求别人以及外部世界的人和事——把你所想要和渴望的变成别人所想和渴望的。转移责任，谴责别人会导致别人采取防卫的态度，并且逐步去做出和说出排斥你的

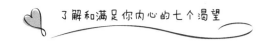

事情,使整个情况变得更加令人生气。最后,你实际得到的比你开始想得到的更少。真正的失望是,当你放弃为自己的生活负责却相信别人会来照顾你的需要所带来的失望,因为你已经失去了相信可以依靠自己去创造美好生活的能力。

我们相信这样的说法,"如果我对我的配偶没有期望,那我为什么要结婚呢?"或者"如果我们不能相互期望,为什么要交朋友呢?"我们想要让你知道,有期望是所有人际关系的一部分,并且,期望本身不是一件坏事。恰恰是照着期望所做的事情,使人们陷入麻烦之中。我们想要告诉你如何来表达你的需要和期望。你这样做的话,至少有些时候,你身边重要的人际关系会帮助你满足你的期望。

为什么你不能够告诉别人你的需要呢?

这件事看上去很简单:如果你需要或想要什么东西,直接向他人要就可以了,但我们中间大多数人都不会这样做。为什么说出你的需要和渴望是如此之难呢? 如果你考察自己的过去,你会找到线索来解释你是如何失去"清晰地表达你的需要"的能力。

正如我们在第三章中所说的,关于"你究竟是谁"的真相:你是可爱的、有价值的、满有人生目标的、珍贵的、有能力的、被爱的……但由于你生长在一个不完美的世界里,照顾你的人也不完美,你并不总是能得到你所需要的——有时候你甚至经历了你不应该经历的遭遇。

当这些侵犯和忽略发生的时候,你会形成关于你自己和别人的错误认知,以及你究竟是谁的错误认知。通常,这些错误的认知会让你怀疑人类的神圣属性:每个人都有独特的思想、观点、情感、表达方式、行为举止和需要。如果不允许你有属于自己的独特思想、情感和需要，你会发现自己会被下列错误认知所控制：我的想法没有价值，我不应该有感情，我最好别说话，我做事情就是为了让别人高兴，我不应该有任何需求。

举例来说，桑德拉来自于一个非常宗教化的家庭。她从小被教导一个人应该只考虑别人的需要，考虑自己的需要是自私的。现在，作为一个妻子和母亲，她确实有一些合理的需要，但是她从小就被人教导不要说出自己的需要，这种情况在她的心里形成了一个结：如果不想成为自私的人，她就必须否定自己的需要并且忽略自己。这种情况使她有说不出来的怨恨、生气以及情绪低落。慢慢地，她开始失去对生活的渴望，因为生活让她感到非常压抑。

泰拉是一位漂亮的小姑娘，她的母亲常常把她带到自己的商务活动中去。从很小的时候起，妈妈就告诉她："带着耳朵，光听不要说，因为这些会议都是非常重要的。"泰拉喜欢和妈妈在一起，不想做任何事情来破坏和妈妈相处的时光。经过很多年沉默的生活后，她已经不会表达自己的需求了。当她有自己的想法和需要时，她就想起自己"要成为一个别人眼中安静的好孩子"这句话。泰拉扭曲的认知伴随她直到成年，"不要说话，自己想就行了"。

从过去的伤害中产生期望

就像前面故事中所说的那样，人们会从生活中的伤害产生不切实际的期望。举例来说，如果你的父母从来不保护你，而且总是批评你、羞辱你或使你难堪，你的心中就会产生期望：在我的生活中总是有人在我身边，并且在所有的情况下都能接纳我。你有期望是因为你内心深处需要被保护和爱。

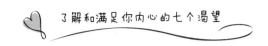

如果你曾经看过色情内容，或者，你在婚前和别人有过性关系，婚后你就会期望配偶的性生活方式和你以前经历的一样，就是他也能像你所经历过的性关系一样。如果在你成长过程中，有一位过度控制你的母亲，你就会选择自主且与不太管你的人成为生意伙伴或同事。如果你和一个非常外向的配偶结婚，你就会期望你的配偶来安排你的社交活动，介绍你认识朋友和同事，因为你自己不擅长做这些事。

你过去的家庭、文化和朋友都会影响到你今天对婚姻的期望。如果仔细思考一下你的生活，你为何会感到失望、受伤或没有人关照，你就会明白在今天的人际关系中你会产生什么样的期望，这些期望可以使你的心灵创伤得到缓解。

你也可以思考在过去的生活中，自己的错误认知和对事物的看法，这些都会影响你表达内心的渴望。如果你不能自由地向别人表达自己对事物的渴望，那么这些渴望就会变成让你永不满足的期望。

说出你的期望！

培养健康生活情绪的一个方面就是要清楚说出自己的需要。这样，别人才有机会来满足你的需要。隐藏的期望常常导致无法满足和愤怒，表达出来的期望会澄清事实，对自己、别人产生信心，从而使你的渴望和需求得到满足。

说出你的期望是有风险的，因为一旦我们与别人分享了自己的期望，对方就面临着一个选择：满足或不满足我们的需求。

当然，你的期望被满足是最好的——但有些时候，别人不能够或不想来满足你的需要。当这种情况发生的时候，你可能会这样想：

要是刚才我没有说就好了。但事实上，说出自己的期望总是让自己有所释放，哪怕这些渴望没有得到满足。只有在说出了自己的期望之后，一个人才能够让自己的需要和渴望得到释放。

曼蒂喜欢下班回家的时候，拉兹站在门口迎接她。她希望他每天都能拥抱她。但是，拉兹常常把时间花在孩子以及做饭上，从来没想过要放下这些事跑到大门口去迎接她。曼蒂向拉兹说出了自己的期望，尽管拉兹不能每天都满足她的需求，但他告诉曼蒂，当他不能到门口迎接她的时候并不表明他不爱她，曼蒂能够接受并且理解这一点。

一个说出来的但是没有得到满足的期望是如何得到满足和释放的呢？一旦你说出了你的期望，你就可以相信自己能通过另外的方式和另外的人得到满足和释放。

不再勉强得到一个人所期望的东西做起来很难，暂时放弃自己渴望的东西更需要勇气。当孩子上小学，每年秋天母亲都要为孩子们准备上学要用的东西，谁都想要让孩子看上去与众不同。她们通常为孩子们买新的学习用品，带孩子去理发，早上早早起床把所有的事都准备好。当孩子逐渐长大，不再按照她们所期望的去做的时候，她们就会意识到应该放弃曾经拥有的期望——让孩子看上去很得体，这样人们才会认为她们是好父母。孩子们看上去得体的期望背后是人们期望在为人父母方面得到肯定，也因为她们作为母亲的身份得到祝福——而不是在乎孩子们的外表看上去怎样。

与你的期望对话

德尼特里是一位教授，他和一位成功的商界女性结了婚，他们育有两个孩子。他渴望能够回到学校去获得法学学位，这样的话，

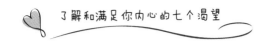
他的事业有更多成功的机会。他们都期望能够和孩子们在一起。在事业需要的时候,他们常常会互相依靠。如果德尼特里要去上学的话,他和妻子必须重新讨论安排他们的日常生活。幸运的是,他们就如何安排在家的时间进行了沟通。他没有要求妻子来满足他的期望;相反,他们通过沟通来寻找解决方案,使丈夫在三年上学期间同时又能和孩子相处。德尼特里和他的妻子找到了其他人来帮助他们,满足他们的需要。

德尼特里和他的家庭肯定要为他的深造付出代价,但正因为他能够和他的孩子们说出他的需要,这个决定就变成了一个选择,而不仅仅是期望。选择会使你更有能力来掌管自己的生活。没有表达出来的期望会使你成为受害者,期待着别人来掌管你的生活,就像后面所举的安德里亚的例子一样。

通过别的方式满足你的需要

安德里亚,一位带着孩子的母亲,很渴望加入邻居的一个读书小组。但是她一直拒绝朋友的邀请,因为她丈夫的工作时间不确定,所以她不能指望他在家照顾孩子。她内心的渴望是保证孩子的安全,她不相信其他人能照顾好她的孩子。她渴望丈夫能够和孩子在一起,这样她能有时间做自己的事。她牺牲了为自己的渴望作决定的机会——她既希望有归属感,又想自己亲自照顾孩子,给孩子安全感。结果,她的想法是期望丈夫改变工作时间并能鼓励她更多地走出家门,她也一直为丈夫不理解自己而失望。

最终,安德里亚的朋友鼓励她通过别的方法来满足自己的需求。她们介绍她认识能够照顾好孩子的保姆,她们支持她走出家门和别的妇女相处。然而,对安德里亚在自己经济上没有为家庭作出贡献的情况下，还花钱请保姆使自己有时间到外面去会朋友，要接受自己可以这样做非常困难。这种传统道德意识使她对于实现和朋友在一起的愿望感到十分纠结。

如果你感到纠结，如果你的生活充满了生气和愤怒，这取决于你对隐藏的期望如何用具体的需求来满足。扪心自问，你是否接受了非黑即白的世界观，也就是只有一种方法或者一个人才能满足自己的需要？当你的需求没有得到满足时，你会变得非常痛苦，然后去谴责某个人或某种解决问题的办法。

当你拥有自己的观点和选择的时候，你会变得更有信心、思路更开阔。当你有一个重要的需求时，你会拥有多种方法来解决问题。当你思路开阔的时候，你的焦虑感会下降，你的自信心会上升，你发现你心里在说"我能够做到""我没必要纠结"。自信心提升了，你就知道自己没问题；当再有需求和渴望的时候，你就不至于再纠结于别人是否能满足自己了。

本章思考要点

❧有关你的情绪和需求,在童年时期你学到了什么? 想一想你不能表达和能够表达的事情以及榜样对你的影响。

❧回想一下你生活中的一些情景:当你结婚的时候,当你从事一项新工作的时候,当你加入一个新社团的时候,当你认识一个新朋友的时候……有意识地去想一想,在这些情景下你所拥有的期望是什么?

❧想一想目前让你很生气和怨恨的人。你能否回想一下你对这个侵犯你的人有哪些期望?

❧你能不能回想起最近某个人的例子,他确实倾听、认可并接纳了你,并且用健康的方式触摸你,还做了一些让你感觉舒服的事,或者邀请你一起做一些事?

第五章

认知、理解和信念

　　每个人的生命都有很深的根源，除非我们有机会了解这个人曾经是个什么样的人，他做过什么、喜欢什么、受过什么痛苦、有什么信仰，否则我们无法真正理解一个人。

——瑞德·罗杰斯

　　当艾琳小的时候，她的妈妈什么事都帮她做。甚至当她快成年的时候，妈妈还是这样替她做事。每当艾琳自己想做一些事情的时候，她妈妈就会说"让我来吧"。在当时，看上去她妈妈这样做也很有帮助。但今天不同了，艾琳的朋友们对她在生活中的消极态度感到非常吃惊。艾琳也发现自己对那些想帮忙的人很容易生气，她不能理解自己的行为。最糟糕的是，艾琳怀疑她自己什么事也做不了，她逃避新的冒险和工作，这使她无法找到一份好工作，很难建立有意义的人际关系。艾琳一直纠结的是她自己的消极思想和对那些想帮助自己的人的错误看法。

　　当一个人的期望没有得到满足时，他可能会相信并依靠自己的一些信息，我们把这些称之为"关于自我认知的信念"（self-perceptions core beliefs）。人们可能会拥有积极的信念："我是一个好人，我是有能力的——如果我集中精力的话，我能把事情做好，我很聪明，人们喜欢我。"然而，各种伤害也会让一个人产生消极的

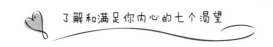

信念："我从来不会把事情做好，我不聪明，我永远也不会有机会。我是一个没有价值的人，没有人会爱我真实的样子，没有人关心我的需要。"

在成长过程中，一个人对自己、他人以及所生活的环境形成了一定的文化观念。人们潜移默化地借着这些文化信息形成有关人际交往、人际沟通、人际关系和社会事物的看法和认知。这些认知和理解与人们的性别、种族、信仰、年龄、政治倾向、国家、遗产，甚至和人们头发的颜色等均有关系："所有金发碧眼的人都比较沉默，红头发的人是热情和情绪化的。"这种文化的认知来源于人们生长的地理位置、年龄，拥有什么样的民族背景、家庭的传统，信仰以及性别等。

信念、认知和理解就像一个滤镜，人们用它们来解释所接收的信息。你有没有意识到有人虽然听你说话，但不理解你的信念？也许那人听到你所说的话，但他理解的不是你想要表达的信息。你是否深有体会：当你很想要和别人沟通，但他们不明白时的那种受挫感。和你沟通的人也许还会有情绪反应，比如难过生气，这也不是你想要的。举例来说，当你想要赞美某人，但对方却无法接受你的赞美："你说我干得很好，但是……"如果一个人认为自己从来也不会把事情做好，你可以告诉他能把事情做好，而他总是会说"但是"。他心里会想："你其实不是真的赞美我，我根本没那么好。你不知道我心里面其实有很多问题。"

当我们一起开始写这本书的时候，我想要给马克看一下计算机写作程序的一个新功能。整个系统本身很简单，但马克却变得非常受挫并伴有焦虑感。这种情绪短时间的失控，使他无法去学习使用这个程序。

　　这个情景源于马克童年时期的很多经历。他父亲对于马克完成家庭作业没有耐心。他上学期间,老师看起来更喜欢女生而不是男生。最终,马克的母亲忽视了在他学习方面提供帮助。多年的时光和经历给刚才的情景赋予了意义。马克短暂的情绪反应来自于他的成长经历。当他和黛比一起分析他自己的认知时,她说她根本就不生气。她了解马克就是用这种方式来看待事情的那种人,多年来我们两人已经学会一旦出现情绪就马上沟通,通常这样做了之后,我们的关系会恢复正常。

　　我们有很多喜爱的谚语俗话,其中之一就是"垃圾心理"。作为心理治疗师,我们先称之为"对现实的扭曲认知"或"有害的想法",但是我们更喜欢"垃圾想法"。以下是一些"垃圾心理"的例子:

"我从来做不好任何事情。"

"我是女的,我做不了。"

"我是男人,我必须保持沉默。"

"男人或女人都不可以信任。"

"你并不是那个意思。"

"我是一个糟糕透顶的人。"

"如果你真的知道我是什么样的人(我的秘密),你就不会喜欢我,你很可能要离开我。"

"只要我在他(她)身上付出的努力足够多,我就能够让他(她)做任何我想要做的事情。"

"美国人是好人,其他人都不值得信任。"

"那个宗教团体(以你自己的神学为标准)并不认识真理,他们恐怕都要下地狱。"

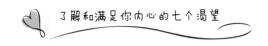

在这一章我们会给你介绍一些相应的领域，使你能更好地理解自己的人生观和一直伴随你的自我形象。

人生经历

请你从本书第一章所明白的人生经历开始。你是否意识到，人们的成长经历深深地影响和塑造了你？你和你的父亲、养父、爷爷、叔叔、兄弟、堂兄弟、男性朋友、男性老师的关系塑造了你对男人的形象认知，你和母亲、养母、祖母、婶婶、姐妹、堂姐妹、女性朋友、女性老师的关系塑造了你对女人的形象认知。他们如果远离你，你就会猜想他们为什么不爱你；也许他们控制欲太强，你想要避开他们或不信任他们；也许他们通过某种方式虐待过你；也许他们让你感到不安全或不值得信任。

当某件事发生的时候，每个人都会做出自己的解释。人们会这样想，如"男人不爱我、不关心我"或"女人总是忙，没有时间和我在一起""男人不可靠""我没办法让女人开心"。当一个人成年之后，他就习惯了这样的认知，而且会把这样的认知应用到自己生活中所接触的男人和女人身上，哪怕他们并非如此。人们常常想当然地得出结论，其实结论往往是错误的。

文化背景

生活和成长所处的文化背景也塑造着每一个人。我们两人出生于"婴儿潮"的年代。那一代人的父母很伟大。我们的父母经历过美国大萧条和二次大战的考验并生存下来。他们勤奋工作，大都相信努力工作就会有成功的生活。我们都是在美国中西部长大的，那里的文化崇尚脚踏实地。马克主要是在圣·路易斯长大的,黛比是在芝加哥长大的。马克的父亲是一位牧师,黛比的父亲是一位机械工程师和经理。我们双方的母亲都受过良好的教育,也曾经有过很好的工作,但最终都决定在家中相夫教子。我们的母亲这一代人通常认为女人应该在家照顾家庭,除非丈夫残疾或去世她们才会回到社会去工作。

　　然而,从我们上大学起,我们就开始经历很大的文化冲击。整个美国开始挣扎于人权问题、妇女解放、恋爱自由以及美国在越南战争中的首次败北的影响。这是一个动乱、竞争和困惑的时代,父母养育我们的那个时代的价值观受到挑战。

　　我们是在特定的时期和地点成长起来的两个人,所有这些因素都影响到我们的自我形象、如何看待他人以及社会上的事情。现在就让我们花时间回顾一下:我们是在什么时代、什么地方长大的? 在那个时代和那个地方有什么价值观?

　　不管我们在美国还是国外旅行,人与人之间,甚至是同龄人之间的微妙差异时常让我们惊叹。马克的一位德国堂兄弟问他:"你怎么爱吃麦当劳呢? 你难道不知道麦当劳竟然用在巴西热带雨林砍伐的树木来养牛吗?"这是马克从没想过的一个问题。我们通常去加利福尼亚南部,发现那里人的生活态度非常休闲和自由。当马克参加东海岸的研讨会的时候,他通常对那里人们一丝不苟的做事态度感到很惊讶。当我和美国东部的朋友一起吃饭时,那里的人们一定会用漂亮的瓷器,而我们更喜欢用纸制餐具。当我们在美国南部时,即使南方人对我们这些"美国佬"有些怀疑,我们也能感到他们那种热情好客的气氛。

　　在美国,我们都受过这样的教育:美国是上天拣选的国家。哪怕是在外国,美国人通常希望大家都讲英语。美国在全世界的地位和荣誉感,使我们很容易变成以自我为中心和自我欣赏的"丑陋的美国人"。冷战期间,我们经历了反恐训练。我们认为俄国人都很坏、美国人都很好。马可最近到乌克兰旅行时,他有一段时间怀疑在家会被克格勃逮捕。他认为那里的人民都是受压迫和愤怒的。但他在基辅的实际经历是,那里的人们真诚友好,城市也很美,自己也没遭到逮捕,他还路过了克格勃的大楼。我们再次强调,我们之所以讲这些,就是要给你一个印象:我们生长的地方和时代会影响到我们的很多观念。对此,你是怎么看的呢?

性别观念

受文化影响很深的另一个层面就是我们的性别。美国文化会教导有关男人气与女人气的观念,这里是指一个真正的男人和女人应该成为的样式。

举例来说:男人都受过这样的教育,性是他们的第一需要,提供丈夫性满足是妻子的责任;女人受到的是这样的教育:满足丈夫的性需要是她们的责任,这能够保证丈夫在性关系上对妻子忠诚。最近出版的通俗心理书籍甚至建议应该每七十二小时和丈夫有一次性关系,以此来保持丈夫的性满足和性忠诚。从生物学的观点来看,我们发现这是错误的。有的人即使每周或每天有多次的性关系却依然不满足。我们的大脑通过多巴胺、肾上腺素这样的化学物质来调整自己的欲望,最终大脑会通过产生更多的上述物质来保持平衡。这就是所谓的"忍耐性",也是大家所熟知的生物学事实。有些男人一周有一次性关系,就会感到完全满足。

在生理学上,性冲动完全是男性现象的观点也是完全错误的。

过去人们都受过这样的教育：只有男人才需要性。哪怕不愿意，妻子们也应该让步于丈夫持续高涨的性需求。实际上，许多妇女比她们的丈夫性需求更多，这既有生物学方面的理由也有情感方面的原因。研究表明：三分之一的男人先天性欲偏低。

另一个关于性别的有害观点是：男人最大的需求是性，女人最大的需求是说话。最近的研究表明，在特定的日子里，男人说话的时间跟女人一样多甚至更多。

当接受这些关于男人和女人的固有观念时，我们就把男人和女人放在了敌对的阵营，我们的任务就变成了想要说服对方来满足自己的需要。基督教书籍的作者们甚至会建议：使男女双方性差异得到满足，是我们神圣的职责。例如，黛比发现她所辅导的很多妇女受到过这样的教育（这也是因文化、母亲的教导、别的女人以及她们接触的读物造成的）："丈夫们的自尊心都非常脆弱，除非你不断地说他们好，否则他们不会爱你。"

对男人来说，要想了解自己是如何接受这些信念的，需要追溯到青春期。你真的想要把自己性的需要降低到仅仅是荷尔蒙带来的冲动吗？你真的希望自己的自尊仅仅来自于女人如何对待你吗？女人们也要想想这种价值观是从哪里得知的，你真的认为自己的人生职责仅仅是为了保持男人尊严以及他们对你的性忠诚吗？当人们接受这些观念的时候，这些观念就成了人们在处理婚姻和人际关系中的信念、理解和认知。

我们的信念影响到每一件事

信念、理解和认知影响到我们工作生活和人际关系的方方面

面。下面的案例告诉我们：扭曲的信念、理解和认知是如何影响到人际关系的。

卡梅拉出生在德克萨斯，是一个委内瑞拉移民家庭的女儿。卡梅拉的家庭宗教气氛很浓厚，喜欢过大家庭的生活。一方面她感觉大家爱她，而且在家中她感到很安全。然而，当她还未成年时，就发现父亲有一个情人并长期交往。她父亲是这样为自己解释的："这不是什么大不了的事，在我们国家，所有的男人都是这样的。"确实，在拉丁美洲的文化中，大家认为男人总有一段时间很难忠诚于自己的妻子，有至少一个情妇被认为是有男子气概的表现。卡梅拉的信仰告诉她这个观念是不对的。她开始发现让自己相信男人是很困难的。她童年所受的伤害以及她对男人文化的了解，形成她对男人的一种偏见，就是没有男人是可信的。

金洙是在韩国长大的，他的父母仍然生活在那里。他来到美国并且获得了美国大学的学位。他的人生很成功并且最近买了房子，他喜欢自己新的生活环境。但他有内疚感，因为他的父母没有那么多钱。父母想要来看他，他很害怕父母看到他的新家时会做出某种反应。尽管金洙已经适应了美国的文化和价值观，比如"每个人都有权拥有自己的住房"，但他仍然很难确信自己是否值得拥有这样的待遇。来自于成长过程的价值观和看法使他不能坦然地享受自己的劳动所得。带着这样的心理，当他父母来的时候，他还会从父母那里得到肯定和祝福吗？

一个值得信赖的男人会渴望卡梅拉信任他，但她做不到。一位朋友可能会拜访金洙的房子，但他心里会有内疚感。

错误的信念、理解和认知对一个人的影响是巨大的，可以说是根深蒂固的。有人说：撒旦并不需要总是告诉你关于你自己的谎言，因为我们自己在这方面已经做得很好了。尽管人的理性让人能够去相信不同的观念，但情感上的依恋仍然会束缚着人。这就是为什么尽管一个人身边也许有人愿意满足这个人内心的渴望，但他听不进去，也不会相信这些人是认真的。

情绪和心灵医治，这份工作的伟大之处就在于要让人们有机会去帮助别人挖掘心灵深处所拥有的信念、理解和认知，使他们今天能够相信真理。

本章思考要点

➤ 想一想，你的家庭文化观是怎样的？

➤ 关于男人、女人、性、金钱、政治或宗教方面的成见和观念，在今天有哪些你认为是不正确的？找人沟通这些话题，比较一下各自不同的看法。

➤ 你有没有经历过对某些事的情绪反应，结果发现这些事根本就无关紧要？你能否把自己的情绪反应追溯到你过去曾经发生的一些重要事件上去？

第六章

情绪——以及情绪引发的情绪

当你能识别、感受并且表达情绪的时候,你可以做出适宜的行动、改变和决定,并让你能够最大限度地体验和享受自己的人生。

——蒙娜丽莎·休兹博士

认识斯丹尼的人,大部分都会说他看上去什么问题也没有。任何时候他看上去都很满足,从来没有挫折感,也从不紧张。然而,他的妻子多年来一直抱怨,说他从不分享她的情感。斯丹尼自己也很困惑,并且声称他确实没有什么感觉——除了他对妻子不停地抱怨感到生气以外!

当斯丹尼小的时候,他的母亲因为中风而成了残疾人,而且不能说话。他的父母就在这种境况下生活了好多年,直到母亲最后去世,他也看到了父亲不辞劳苦照顾母亲的痛苦经历。每当斯丹尼想要对父亲说一些想法的时候,他的父亲就会提醒他:我们应该满足现状,情况总会慢慢好起来的。斯丹尼意识到,他表达情绪是没有意义的。渐渐地,他不再承认自己有分享情感的需要。

如果你观察冰山模型,你就会看到"情绪"以及"情绪引发的情绪"。我们发现大多数人不擅长感受自己的情绪。他们也许能够表达自己的情绪,但也许不再能真正去感受情绪。举例来说,斯丹

尼看起来或听起来挺满足的,但实际上他非常生气,内心中隐藏着很多过去所遭遇的有关母亲和自己的伤痛。但他学会了如何否认和避开这些情绪。渴望、期望、信念、认知和看法都会让人们产生情绪。你可能会感觉孤独、难过、害怕、焦虑、生气或高兴等等,但你能去感受和沟通这些情绪吗?

认识你的情绪

在感受情绪方面,我们发现女人和男人一样有困难,这个问题并不像很多书上所说的那样有性别差异。在咨询中心,我们经常要求求助者来认识自己的情绪。结果在这个问题上,所有人都很纠结。我们常常听到他们会这样说:"这个问题,我得多想想。"或者,"我也不清楚为什么对我来讲那么难。"或者,"我根本不知道我的感受是什么。"前来接受咨询的人,在情感问题上起初都表现得很麻木。为了帮助他们了解自己的情绪,我们会在表达情绪上为他们做示范,并且帮助他们列出有关情绪的词汇。

表达你的情感是需要花时间去练习的,而识别你的情绪需要更多的练习。人们很可能会使用标准的语言,就像"我挺好的。""我很高兴。"或者"我太累了。"我们鼓励大家进入心灵的深处去感受自己内心深处的情绪(参见下面情绪表)。你有过生气、难过、失望、希望、焦虑、感恩、困惑或高兴吗? 当你学习更多词汇并且增强沟通能力的时候,有数以百计的情绪等着你来选择。当你能够更准确地描述自己的情绪时,你在情感上与他人连接的能力就增强了。

情绪表

下面这个情绪词汇表能帮助你知道自己有哪些情绪。我们发现,情绪就好像色彩中的三原色。它们是最基础的词汇,其他不过是这些基础情绪的混合。现在,你可以开始思考有关情绪的词汇,下面是其中的一部分。

喜乐	难过	孤独	生气	焦虑
开心	沮丧	孤立	挫折	紧张
高兴	绝望	孤单	愤怒	害怕
热情	无望	羞愧	愤慨	胆小
兴奋	冷漠	内疚	受伤	小心
取悦	一无是处	被冒犯	反抗	悲观

当你看这张表的时候,你可能已经识别出自己渴望被倾听和理解——七个渴望之一。这是大部分人际关系中所缺乏的。有位妻子得知她的丈夫刚有了外遇会这样说:"我期望你真的能了解我的感受。"一个全职太太会如此说:"当你不告诉我家里的经济状况时,我很希望你能理解我有多难受。"一位感到被否定的丈夫会说:"我真希望你能了解我整天奔波是为了谁!"如果你不去学习如何用行为和词汇表达你的情绪,对别人来说去倾听和理解你就会变得很难。他们会被迫去解释你的行为并且猜测他们所听到的——而这一切可能全是错的。

起伏不定的情绪 🍀

如果你想要让自己去感受情绪,你会经历情绪的大起大落:令人喜悦的情绪,令人不开心的情绪。很多人形容情绪就像坐"过山车"一样,有时候用这个形容词来描写人们生活是很准确的。当人们释放心中压抑的喜悦和悲伤的情绪时,就会出现情绪的大起大落。

你会发现自己很想要摆脱一些情绪,因为这些情绪使你感到非常难受。人们常常会认为令人难受的情绪比如悲伤、焦虑、生气、害怕等是负面的。人们不喜欢用"负面"这个词,因为所有的情绪其实都是人内心的一部分。把情绪分为正面和负面会鼓励人们去摆脱负面情绪,从而保留正面情绪。有人认为,如果他们只拥有正面情绪,他们就更容易被人接纳,因此他们会想方设法去保持正面情绪。人们通常会尽可能寻求令人开心的情绪,因为这让人感到舒服。

当你面临危险时,感到害怕并做出反应是一件好事。当你失去亲人或对你重要的东西时,你感到难过和悲伤是健康的情绪。当你被别人以某种方式伤害和背叛时,你很自然地会感到愤怒,这些都是每个人正常和自然的情绪反应。

情感冷漠

很多人在成长过程中,常常需要摆脱生活中令人"不舒服"的情绪,留下"舒服的"情绪。因此,人们就学会如何去减少、否认和掩盖负面情绪,如悲伤、挫折感等。否认情绪会增加人们内心的孤独感和冷漠感,而且,人们会越来越多地否认自己的渴望和情绪。如果你在生活中只是让人们看到你让别人舒服的一面,或者是你认为别人看上去觉得舒服的地方,那么你会发现失去真实的自我其实是非常容易的。最终,你可能连自己都不知道自己是谁!因为你已经成了只展示自己某一部分的专家。形象管理成为你的目标——在生活中只允许别人看到你"闪光"的一面：开心，看上去精神焕发，品行端正。遗憾的是，作为人，还有其他的部分。如果人们接纳并且爱自己真实的一面，就必须保持自己真实。

　　有许多人感到疲惫的原因之一，也许是他们想要隐藏那些应该表达出来的情绪。把东西藏起来使我们想起过圣诞节时，要把礼物藏在孩子们不知道的地方，因为孩子们认为这些礼物是圣诞老人送来的。我们偷偷地去买这些礼物，还要用不同的纸张包装起来，这要花费我们很多的时间，因为父母双方都要送礼物，还要把这些礼物藏好几个星期，不让孩子们无意中发现。这个过程我们感到很累，当这个秘密——根本没有圣诞老人的事实被公开以后，我们能感受到一种巨大的释放。然后，我们就可以用平常的方式赠送并接受这些礼物。

　　如果能够在出现情绪的时候就表达自己的情绪，这岂不让人们释然吗？ ——说出来，然后就这个问题作出决定，不要等它变得很严重才去处理。我们相信很多人都花费了大量的精力掩饰自己的情绪，为的是在别人面前展现一个完美的生活，而这往往让人身心疲惫。

　　同理心是一种能力，即确认并理解另一个人的处境、情绪和动机的能力。如果你可以在情感层面与人分享，你就会感觉和别人的关系变近了。情绪是建立内心世界的砖头，通过情绪你可以和自己以及别人进行连接。

拥抱你的情绪

　　我们之前说过的斯丹尼，他始终过着没有情绪的生活，直到有一天在教会的周日礼拜聚会中，他听说有一对老夫妇，妻子最近中

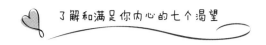

风了,斯丹尼在喝咖啡的时候找到了这位丈夫,然后对他说:"我为你妻子感到很难过。"这位丈夫转过身来看着他,感动得热泪盈眶。这位丈夫说:"我确实非常难过。"斯丹尼回家后告诉妻子这件事的来龙去脉。当他正说话的时候,他的眼泪不由自主地涌流出来,他的妻子紧紧地拥抱了他。通过这个过程,斯丹尼最终找回他的情绪。斯丹尼拥抱了他自己的悲伤。

我们鼓励你也拥抱自己的情绪——去感受你所拥有的情绪,如果你不这样做,你的生理、情感和身体健康将受到伤害。当你拥抱自己情绪的时候,你认可了自己的心灵要对自己说的一些话,因此你可以学习有关于你自己的一些东西。如果你一直排斥情绪——不管是有意还是无意的——你便失去了成长的机会,并且失去了面对情绪做出选择的机会。隐藏情绪还会造成生理影响。

隐藏的情绪对身体的影响

如果你有意忽略自己的情绪,它们就会转入地下来操控你的生活。从生理上讲,隐藏的情绪会以某些破坏性的方式表现出来,从而造成各种问题。身心失调学是专门研究这一现象的医学科学,即关于身体、心灵之间如何相互影响的科学。身体的所有功能都是相互关联的,我们所想、所做的事对我们的身体健康非常重要。但很多时候,我们却对身体中的情绪部分认识不足。

想一想人们的生活以及你所经历过的身体伤痛,是不是同时也伴随着情绪上的痛苦,很可能是因为你没有足够的时间并通过别人帮助去释放你内心的情绪痛苦。你有没有感到过"紧张"?每当你紧张的时候,你的肌肉在告诉你心里害怕。你是否在某些情况下会"肚子疼"?这时你的肠胃提醒你,心中有惧怕和焦虑。你有没有对别人说"你真让我头痛"？这是你大脑中的肌肉和静脉在发出信号,你很生气。所有这些都是由隐藏的情绪引起的。科学研究支持这样的观点:生理上的伤痛来自于情感上的伤痛。

黛比自己就经历过一次瞬间失血性中风（短时间瘫痪),那是在丈夫马克有性上瘾行为前一个月发生的。当时她对马克的秘密生活还一无所知,今天她可以确信,那时她潜意识中就已经经历了很多痛苦和折磨。

当马克过着双重生活的时候,他自己也一直遭受着严重偏头痛的折磨。当他得到帮助并过上诚实的生活之后,他的偏头痛就消失了。

詹妮弗是我们的一位客户,她因害怕面对丈夫出轨最终患上了严重的胃病。

萨默尔靠服用抗焦虑药品来生活,在他明白自己成长过程中所遭遇过的性虐待之后一直伴有头晕症。当他通过心理咨询并得到及时医治后,他的头晕和焦虑症消失了。为要说明内心情绪是如何通过生理伤害的症状表现出来的,这样的案例我们可以举出几百个。

失去自我控制的生活

隐藏的情绪还会影响到你的情绪健康,包括你为自己的健康做出选择的能力。如果你不允许自己去感受情绪,你的生活就会失去自我控制。简单说,你会想出办法来避免情绪,而且大部分时间里你根本不知道自己在做什么!

玛格丽特与虐待并常辱骂她的丈夫离婚之后过得非常好。她为自己失败的婚姻难过了一段时间。现在,她为自己设立了安全界限并且找到了新朋友。但是她的老板却常常会调戏她,她怕自己失

去这份工作,就没有把这件事告诉别人或是理解她内心冲突的人。结果,第二个月她就胖了 15 磅。她又回到了当她焦虑时暴饮暴食的老路上了。

当我们像玛格丽特那样忽略自己的情绪,而不是拥抱、处理它们的时候,我们就远离了借助自己和别人得到帮助的机会。我们进入会失去自我控制的状态,会做那些让自己感到舒服的事,只是因为自己熟悉这些事,并不是必须这样去做。我们感到无聊时会去看电视,喝饮料似乎很放松,装作很性感好像能感觉到自己很可爱,看浪漫小说来表达激情,通过幻想来感到自己有归属感,或通过过量的睡眠逃避一些事情。这些都是使我们失去自我控制的一些途径,背后却是隐藏的情绪在控制我们。

情绪和心灵

当我们忽略自己的情绪时,我们的心灵会受到伤害。因为情绪位于我们的内心世界"我是谁"的核心位置。蒂姆·克林顿是美国基督教辅导协会的主席和心理学家,他曾经这样说:"在我们心灵里有一个地方,我们只能通过痛苦才能经历它。"痛苦的经历是非常属灵的,因为它唤醒了我们共同的人性。

当我们忽略自己的情绪时,我们并不仅仅是经历心灵上的痛苦,还会经历心灵的复活,即不再麻痹自己的心灵。当我们允许所有的情绪都能自由地表达时,我们的心就会受到激励。

关于情绪引发的情绪

情绪会引发其他的情绪。举例来讲,当我们难过的时候,我们会对造成伤害的那个人生气。"我生气因为我伤心。"有很多人感到孤独的同时也很伤心。最常见就是人们因忧虑而逐渐变得焦虑。

当人们"隐藏"自己的情绪时,就要对自己的情绪做出一个决定:我很生气,还是我很难过?我必须要做一个决定,因为难过是不对的。如何处理自己的情绪取决于人们内心的动机以及人们所学过的东西。举例来讲,人们会认为因难过而生气是不对的,因为他们从小就被教导说难过是脆弱的表现,因此就不想表现出软弱的一面;有时人们不想有不耐烦的情绪,因为他们被教导应该知道自己想要什么。情绪有时很难分类,人们可以看到为什么那么多人只喜欢谈简单和表面的话题。因为一加入情绪,问题就复杂了!

关于情绪的难点 🍀

对大多数人而言,表达自己情绪的难处在于:从小就很少有机会去表达自己的情绪。他们根本不知道该如何去表达。如果你倾听孩子说话时你会发现,当孩子们完全放松的时候很容易表达他们的情绪:幼儿感到不安是因为他全身湿透或饿了;婴儿开始哭喊是因为他害怕黑暗;一个蹒跚学步的孩子发脾气是因为他没有糖吃而感到生气;一个小男孩哭泣是因为他的朋友有意伤害他。孩子们有很多的情绪而且很愿意表现和沟通他们的情绪。

但是,许多家庭没有接纳孩子情绪的耐心和宽容心,他们的父母一直在教导他们远离情绪,甚至是责怪他们的情绪。情绪沟通是要花时间的,有时候孩子的父母没有时间和耐心来这样做。很多人认为,忽略情绪可以使养育子女变得很容易,事情也会完成得更快。"我跟你讲过把玩具捡起来,然后去洗澡。"("我并不很在乎你正在和你的姐姐生气!")或者说:"你今天必须去上学,因为学校等着你去,而我要去上班。"("我现在没有时间和你谈你害不害怕的

问题。")你能看到建立一个不重视情绪的家庭是多么简单！

特丽莎说在她小时候，不管什么时候她有情绪，她的妈妈会说："想想别的事就行了。"或者，"别把它当成什么大事。"或者，"不要担心。"或者，"只要把事情弄清楚就行了"。因为她的妈妈要忙于照顾五个孩子，从来没想过去处理孩子们的情绪问题。

在人们的家庭和文化中一般不会谈及情绪，另一个原因是当出现痛苦的情绪时，人们会感到不舒服。他们真的不知道如何处理这些情绪，所以他们就把它们放在一边。"你最好的朋友搬家了，你没必要那么难过（我觉得其他小朋友也会成为你最好的朋友，我们去吃冰激凌吧，你一会儿就好了）。"或者，"我不想听你说气话（回到你的房间去，直到你能礼貌地说话再出来）。"如果你的情绪是愉快的，大人们通常喜欢在你身边。但如果你情绪不好，很多大人会排斥你。

很多人害怕情绪会让自己觉得太痛苦。他们不去感受悲伤甚至不能发怒——他们会担心，一旦出现这些负面情绪的话，他们就停不下来；或者认为只要出现负面情绪就说明他们是脆弱的，或他们在别人的眼中就显得一团糟。他们甚至认为，一旦有痛苦的情绪，自己就会发疯，就会被送到精神病院去！不管怎么说，否定情绪将会使人们无法经历内心从痛苦到喜乐的多彩人生。

有人说一个人喜乐的程度取决于他痛苦的程度。此外，成长不可避免地和痛苦以及遭遇患难联系在一起。当你曾在情感、心灵或身体上受过极大的痛苦后，你的忍耐和信心就会增长，你能够变得意志坚强，而且意气风发。通过信心，你才有能力去体验生活和人生中更深层的快乐。

拥有你的情绪——最大的回报 ✿✿

　　当我们允许自己拥有所有的情绪,即开始清空自己心里面的所有情绪时,我们就会变得柔和谦卑。

　　你是否曾经因为非常难过向某人倾诉? 当你非常害怕的时候,你有没有让某人来抱住你? 你是否去你信任的朋友那里释放过你的生气愤怒? 把你心中不断积累的情绪倾倒出来是健康的,是有医治效果的。这样做,可以使你的情绪表达出来被人倾听。你信赖的朋友也可以帮助你释放或拥有情绪。当我们说要和一个能给我们安全感的朋友在一起时,我们更容易承担起说实话的风险。朋友们也会鼓励我们说实话,可靠的朋友会通过保守秘密来保护我们内心的安全。

　　我们想通过《圣经》中的一个很好的故事来结束这一章。这是关于一个人拥抱他情绪的故事。尼希米是一个在波斯被奴的犹太人,他写下自己知道耶路撒冷城凄凉的光景后不久和亚达薛西王谈话的经历,这是一个如何表达情绪(包括他的需求)的完美故事:

　　　　亚达薛西王二十年尼散月,在王面前摆酒,我拿起酒来奉给王。我素来在王面前没有愁容。王对我说:"你既没有病,为什么面带愁容呢? 这不是别的,必是你心中愁烦。"于是我甚惧怕。我对王说:"愿王万岁! 我列祖坟墓所在的那城荒凉,城门被火焚烧,我岂能面无愁容吗?"王问我说:"你要求什么?"于是我默祷天上的神。我对王说:"仆人若在王眼前蒙恩,王若喜欢,求王差遣我往犹大,到我列祖坟墓所在的那城去,我好重新建造。"

　　尼希米抓住机会实话实说,并且向王公开说出他的情绪。当

王注意到他脸上的愁容时,他可以做很多事情。他可以说一些善意的谎言,因为有人告诉他一些事情使他难过;或者他可以说"没什么问题"或者"没什么大事。"但他没这样做,他选择做诚实的人,并且告诉王为什么他既伤心难过,这个美好的机会使尼希米得到了他所需要的——他踏上了回家的旅程。这一切之所以成为可能是因为他有足够的勇气去诚实地回答王自己为什么有愁容,尼希米有一颗诚实正直的心。

对每个人而言最大的问题是,是否有勇气来拥有一颗诚实正直的心,使自己和他人心灵相通,从而使自己内心的渴望得到满足。

本章思考要点

❥ 翻到本章中的情绪表,你现在的情绪是什么?

❥ 你有没有自己想要隐藏或者否认的情绪? 为什么?

❥ 当你成长的时候,你是被鼓励还是被阻止表达情绪?

第七章

个人防御措施

当你的情绪过于痛苦以至于你无法表达而选择一些防御措施的时候,你要懂得去识别它们,你要认识到停止防御行为的重要性,这也是情绪和心灵成长的过程。

我们带你来到了冰山模式的最后一层,这一层刚好在水平面的下面——称为"防御措施"。人们用情绪、受挫的期望、信念、理解、解释以及没有满足的渴望做出应对。不健康的防御措施与人们想要避免或否认痛苦情绪的方式有关。当人们受伤的时候会寻找办法来安慰或保护自己,各种防御措施也可以成为人们想要寻找满足个人内心七个渴望的解决方法。

不健康的防御措施是指人们希望能够生效的错误方法,实际上它们从来没有奏效过。有的时候你能观察或看到这些防御措施,有时候它们是内在的,在人们思考问题的方式里面。这里有两种防御方式:个人防御和人际关系防御措施。这一章我们会讲个人防御措施,下一章讲人际关系中的防御措施。

个人防御有上百种可能的方式。回想一下你自己成长过程中的家庭状况,在应对压力、紧张、生气、焦虑、悲伤时,你父母是如何处理的? 举例来说,马克家是 20 世纪 50 年代街坊中第一个拥有电视的家庭。一到节假日,他全家人都会聚集在电视机周围,没有了

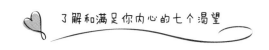

相互的沟通,相反他们都迷上了电视。马克的父亲由于喜欢吸烟和体育活动,马克就成长于这样一个家庭,大家通过看电视、吸烟和体育活动来麻痹他们各自的伤痛。

在黛比的家庭,她学会了不去表达自己的情绪,养成一套孤立自己的方法。她的父亲告诉她,当他下班回家的时候,他是如何发现她独自一人钻在床底下的情景。她甚至在床底下储存了不少饼干!

童年时代一个人就学会了人生中的第一个防御措施。当然,在一个人成长和探索世界的过程中会学习到更多的防御措施。许多世纪以来,酗酒一直是人们常用的防御措施。一些人喝酒是为了放松或逃避,另一些人喝酒是因为酒能祛除他们的羞耻感并帮助他们的社交。

吃饭是一种常见的防御措施,因为吃饭常常代表着人们在做积极并对身体有好处的事。那么,有多少人能愉快地享受饮食?你吃的是什么呢?贪食的人会暴饮暴食。有些人太过于依赖饮食作为自己的防御措施以至于出现饮食失调,如暴食、贪食、易饿病或神经性厌食症。今天,许多人通过互联网调节他们的孤独、无聊、压力、难过、焦虑和生气等情绪。有些人看色情网站(据估计:多达2/3的男性基督徒和1/3的女性基督徒浏览过互联网的色情网站),一些人在网站上购物,其他人在网站上赌博,很多人对网络游戏上瘾,还有些人上网从一个网站跳到另一个网站,只是为了打发时间。

也许最有社会回报的防御措施就是工作。如果一个人孤独、情绪低落,想避免家庭暴力,对许多事情易怒,担忧钱和社会地位,他就会通过工作来应对。一个人可以通过工作获得许多肯定,工作通常会有经济回报,但也不是每次都有。一个很好的借口总是这样的:"对不起,我得去工作了。我想把工作做好,为家里多赚钱。"

马克所做的一项非正式的研究中涉及 25 个牧师。他发现牧师中几乎 90% 的人是工作狂。牧师们通过工作来防御他们侍奉中的孤独感、牧师职业所带来的压力、低收入以及在家庭中的各种压力。

生气也是一种防御措施。一方面它可能是内心受挫的表达方式,这通常不是人的理性所能理解的。很多家庭成员除了生气以外,不擅长表达情绪。可能出现这种情况:家庭某个成员可以随意生气,也许是爸爸,或者是妈妈。家中没有人懂得倾诉他们的伤心、难过、焦虑和伤痛,生气很自然就成了搅动、激怒他人的一种方法,因为这样做就不需要去解决他们心中的伤痛了。许多人把生气作为避免内心深处痛苦的一种方法。人们还可以因人际关系中的不满发泄怒气,而不是去沟通。通过恼怒别人,排斥别人,去代替处理内心深处的失望、难过和悲痛。

离群索居也是一种防御措施。其有多种表现形式:看报纸、看电视、整天打扫卫生、贪睡、煲电话粥,当然也包括工作,都可以成为逃避人群的办法。有的人看上去靠你很近,但却是"人在心不在",你心中是不是感到很受挫呢? 有一些人甚至不需要离开你,但他们可以在心里面远离你。马克称之为"走进冷漠地域"。这是一种幻想和心神不定的特殊形式。黛比知道当马克进入这种状态时,他看上去在关心她,实际上,他的心已经离开她了。

对一些在宗教家庭背景下成长起来的人来说,连信仰都可以成为逃避问题的方法。我们的基督教文化要为这种情况负一定的责任。想想,在教堂里,你会问别人最近过得怎样,而没有人的回

答是完全诚实的,因为你并不真的想要问他们日子过得怎样,你的问候不过是一种礼节。大多数人去教堂都想给牧师留下一个好印象,在人们的敬拜中,表面上是在微笑,用喜乐的歌声献给主。实际上,担心的是金钱、工作、孩子以及家庭中各种的压力。在基督教新教教堂里,我们甚至不再互相认罪,而是选择在暗中认罪。

人们常常会听到一些宗教式的陈词滥调,告诉他们如何摆脱情绪。马克的爸爸常常会引用罗马书 8:28,"我们晓得万事都互相效力,叫爱神的人得益处,就是按祂旨意被召的人。"我们当然认同这段经文,而且知道这是对的,但是你可以用这样的经文来避免沟通所有严肃的事情。如果你说你担心金钱,有人就会这样回答:"你要相信上天,祂永远会供应你。"我们发现这种正确的神学常常被用来避开倾听我们不想处理的问题。没有人倾听和理解你,事情就这么结束了。最好的方法是,无论花多少时间,我们都要去倾听。一旦一个人感受到你在倾听,我们就可以为他提供心灵上的帮助。

在马克祖母的葬礼上,当人们盖上棺材时他开始伤心哭泣。那位非常慈祥温和的牧师走到他面前对他说:"你知道,你的祖母已经进入天堂,你还会再次见到她。如果你相信,用微笑去面对岂不更好么?"在这种情况下,你不知道是否应该回答"阿门"。马克知道自己会再见到她,但很可能要再过上至少五十年。难道感到悲痛不对吗?以上的做法我们称之为"神学正确,时机不对"。

当诸事不顺的时候,应对问题的方法之一就是把问题统统归罪于别人。马克上小学四年级的时候,他的健康和体重有一些问题。他常常旷课并且不喜欢待在学校里,因为有很多人嘲笑他,结果他的成绩变得很差。他的爸爸看到他的成绩单后说:"这没有什么奇怪的,因为你的老师是我们本地天主教神父的姐姐。"这就是他讲话的全部内容。然而,他隐含的意思很清楚:"我们是基督教新教徒,她是天主教徒。天主教徒非常不喜欢我们,所以她给了你低分。"结果不仅一位无辜的女人被错怪,而且没有人谈及马克的情绪感受。对于同样的错误,你的家庭在承担责任方面和他们有什么不同呢? 他们是否承认自己所犯的错误并且对你说"对不起"了呢? 还是去谴责别人或者家庭中的其他亲人呢?

　　你有没有开始形成这样一个观念,我们有许许多多的方法可以用来对情绪进行防御,这些方法有上百种之多。以下表格罗列了部分个人防御措施的表现:

表现	嘲笑	赌博	退缩
非法毒品	贪睡	迷恋网络	看电视
贪食	电子游戏	尼古丁	忙碌
咖啡因	工作狂	帮别人解决问题	运动
购物	批评别人	洁癖	撒谎
讲道	白日做梦	锻炼	阅读

　　当然,并不是说所有这些活动本质上是不好的,你当然可以读书或工作或为了健康做任何事情。只不过,当你为了逃避情绪而强制自己去做的时候,就有问题了。当你的情绪过于痛苦以至于你无法表达而选择一些防御措施的时候,你要懂得去识别它们,你要认识到停止防御行为的重要性,这也是情绪和心灵成长的过程。

本章思考要点

❥ 列出一张你的自我防御措施的表格。

❥ 决定你是否愿意改变或消除你的防御行为。

❥ 你是否愿意向某人承认你需要做出改变？

❥ 当你要努力改变的时候，你是否愿意请求某人的帮助？

第八章

人际关系中的防御措施

　　就像个人防御措施一样,人际关系中的各种姿态是当你面临痛苦情绪又没有好的处理办法时能够提供的一种方法。

　　正如在前面章节讨论的那样,人们有许多办法来应对各种令人不悦的情况。在本章中,将专门讨论人际关系中的渴望没有得到满足时,人们的防御措施。在人际关系中人们有未满足的渴望。这时候,人们会通过做一些事情来进行防御:生气、受伤或其他负面情绪,这些情绪会不断积累。对于这些情绪的防御措施有四种基本的策略,或称之为"姿态"。这可以通过图解来说明,以下的图解会帮助你了解其中的概念。

讨好姿态

　　处于讨好姿态的人会做别人高兴的任何事。当别人第一次看到这个姿态,会觉得这人看上去像一个乞丐,也有人称之为祈求。他可能是在乞求、讨好或恳求。当你看到这种姿态的时候,你可能会心软。这个人将会竭力让别人免于生气或受到批评,讨好

图 2 讨好姿态

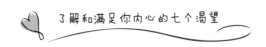

别人的人不仅会担心别人生气,还很担心对方可能永远不理自己了。因此,他或她通过隐藏自己的需求,满足别人的需求作为一种防御措施。

指责姿态

在指责姿态中,一个人会看到别人的缺点并把它指出来,指责型的人总是论断别人并且易怒。看到掐着腰的手以及指着别人鼻子的手了吗?

图 3 指责姿态

当讨好者看到指责型的人用这种方式指责自己的时候,他们会继续讨好,目的是为了使对方不再生气,或者为了挡住对方的指责,讨好型的人举起自己的手,这样,他们就不再需要去面对指责他的人了。讨好的人还会低下他们的头,看上去满脸羞愧,指责和羞愧通常就是这样结合在一起的。

当讨好者羞愧的时候,指责者会改变他们的方式,走过来轻轻地拍拍讨好者的头说:"噢,可怜的人,你不必那么难过。"那种以恩人自居者的反应正好是讨好者所希望得到的,他或她成功地使得指责者停止了指责——但这样做并不会使他或她的心情变好。

　　同时你还注意到,对于指责者来讲,虽然暂时停止了对人的指责,但他的态度并没有多大改变,只不过把指责别人的手指头握起来成了拳头。尽管不多见,指责者的怒气甚至会变成暴怒或出现暴力行为。

　　讨好者有两个选择。一是他可以站起来指责对方,由两个人互相指着对方的鼻子骂人——这是大家最常见的争吵方法;另一种是讨好者也可以转过身去,并且在身体或情感上离开指责者。

理性至上的姿态 (无所不知型)

　　处于理性至上姿态的人,认为他或她对一些事情的看法是对

图 4 理性至上的姿态

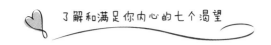

的，并且想要证明给别人看。他们通常会认为自己无所不知。他们看上去自信，非常自信，甚至有些自大。他们点头，好像非常肯定自己是正确的。他们会用不屑一顾的眼神看着别人，好像这些人都很愚蠢。理性至上的人都善于辩论，但不是用指责别人的方法。他们会尽可能采用自己所能想到的所有事例来解释为什么他们是对的。

通常，人际关系中的另外一方也会变得理性至上。现在就有了一个合理的规定，其中必须有一方要赢，另一方要输；有一方是对的，另一方是错的；某一方占上风，另一方要甘拜下风。出路就在于要有一个解决问题的方案，并且两个人都要认同这个方案。这些辩论看上去波澜不惊，也不用提高嗓门去争论，但没有人感到真正的满足。

对某些人来讲，理性至上也就意味着他们特别属灵。他们觉得自己的理性大多来自于他们对上天的真知灼见，在每一件事和每一个话题上，他们的行为使他们看上去好像宗教权威。

辅导面临性关系破裂的夫妻时，人们常常被卷入有关做爱的频率和其中一方是否有时间的冲突之中。理性至上的人会引用科学研究说普通夫妻"平均的"做爱频率是多少。他或她可能会从医学角度来说明做爱对男人前列腺的健康是如何重要或对女性荷尔蒙的调节是如何重要（都是对的）；男人会说通过更多的性关系对于保持夫妻之间的忠诚是很重要的（不正确）。当这样的争论发生时，信仰至上的人还会引用《圣经》中关于"顺服"的经文或我们的身体属于对方的论点。人们用这种方式争论的时候，把这一段经文从整文中拿出来，忽略了整个章节的全面内容——要有自我牺牲的爱。

　　理性至上的人想要赢得辩论的真正问题是，你并没有认真倾听你想要说服的那人内心的渴望。因此，你就失去了通过情感来建立关系的可能性。理性至上的人在沟通中并没有分享他们的情感；他们只是运用了他们的知识和逻辑推理。如果你想要别人倾听和理解你内心的渴望并且在情感上建立连接，你就必须表达出你的情感！

事不关己的姿态

　　无论他们被指责或和人辩论，当一个人采取事不关己的态度时，他或她实际上是在说：不在乎了或者放弃了。他们会把双手向两边伸开对另一个人说："无所谓！"处于事不关己姿态的人会按他们想要做的来逃避：他们可能会离开你或人在心不在。不管出现哪种情况，他这个人已经走了。

图 5　事不关己的姿态

　　当人们疲劳受挫的时候，通常会采取事不关己的态度。他们会说："我就算和你谈到面红耳赤你也不会明白。"或者，"我放弃了，跟你争论太累了。你照着你的方式去做吧，我已经垮了！"

　　每一种姿态都可能反映了一个人内心的渴望没有得到满足。讨好者想要被人倾听和理解，他们也想要有安全感，也就是对方不会离开他，也不会对他生气。他们渴望得到肯定、无条件的祝福、独特感以及在生活中被别人接纳和归属感。讨好者还希望能有身体的接触，把它当成一切都会搞定的保证。

　　指责者很清楚他们的渴望没有得到满足,他们对别人有很多隐藏的期望。如果没有人来倾听和理解他们,他们就会说:"你根本没听懂,你太麻木了!"如果他们没有得到无条件祝福,谴责别人常常是用来表达从来没被人欣赏所带来的愤怒。如果他们渴望的是安全感,就会在需要别人帮助方面变得吹毛求疵:"你从来不懂得量入为出。"或者,"你需要挣更多的钱。"由于他们说话的方式通常以"你"开始,很可能会说这样的话:"你必须慢点。""你要小心点。""你要赶紧开始了"。"你不能再去做那件事了"。当他们想要与性无关的身体接触时,他们感觉不到爱,就会指责对方:"你根本不在乎我这个人,你关心的只是性。"最后,当指责者没有得到归属感和受到重视时,他们会很快说出自己被忽略了,他们会批评对方在别的事情上花费了很多时间,认为别人根本就不在乎他。

　　处于理性至上或信仰至上的人,几乎完全生活在自我世界中,他们连自己的情绪都意识不到更不用说内心的渴望了。他们过于关注被人倾听和理解,但只有当你认同他们的时候,他们才会感到被人倾听和理解。当你同意他们的时候,他们就认为自己得到了肯定。对他们而言,一个人的聪明就是他们的价值所在,理性至上的人会用很多方式获取重要感和归属感。他们认为自己应该得到他们所想要的,因为他们既聪明又属灵。

　　记住,采取事不关己态度的人,他们本来有着各种内心的渴望,但渐渐地放弃了,并且在表面看上去还满不在乎。他们假装自我满足,但自始至终他们都极度孤独,因为他们的渴望没有得到满足。如果他们不能赢得谈话,他们就转身退却,而不是去关心自己内心的需要,最终会成为自负的人。事不关己的姿态通常会把自己转变成为个人防卫意识极强的人。他们选择放弃和别人的关系,至少暂时放弃。他们的信念是："除了自己,谁也不会关心我。"

各种姿态的目的

在人际关系中,人们需要通过相互沟通和倾听来与人交往。人们始终拥有需要满足的内心渴望,非常想要别人了解自己,但很快就会发现自己的渴望不能总是得到满足,因此就会采取各种防御措施并采用其中的一种姿态来保护自己,避免产生忧虑等负面情绪。我们再次强调,就像个人防御措施一样,人际关系中的各种姿态是当你面临痛苦情绪又没有好的处理办法时能够提供的一种方法。

当阿尔玛看到儿子沉迷于电子游戏时,她非常难过。这使她想起她的丈夫和她的父亲,他们都喜欢用看电视来打发时光。阿尔玛关心儿子正确使用电脑是对的,但她不喜欢自己沮丧的心情。她没有采用合适的方式和儿子沟通她内心的感受,而是不断地借着各种各样的事来指责儿子,说他既不收拾自己的房间,也不做作业,而且看上去总是没有时间待在家里。

当阿尔玛的丈夫瑞克看到这种情况后很是焦虑,因为阿尔玛所做的事情使他想起小时候母亲对自己喋喋不休的指责。瑞克不喜欢自己的情绪也不愿意向阿尔玛说出他的情绪。结果,他开始找机会取悦和讨好阿尔玛,期望她能停止指责别人。当阿尔玛看到丈夫地讨好行为,她在他面前就会表现得凡事都理由充分,并且为她这样做的理由进行解释和辩护。

儿子巴里对他的母亲指责采取的是青少年典型的回应方式。当母亲批评他的时候,他会说:"你怎么说都行。"巴里继续变着法子偷偷地玩他的电子游戏。

在这个故事中,三个人都想要被人倾听和理解、被肯定、被无

条件地祝福和获得安全感,他们没有一个人决定去弄明白自己在人际关系中的防御措施或引发情绪的原因、他们也从来没有找到满足渴望的答案,因为他们还没有学会处理这些问题的技巧和方法。

和睦的姿态

　　给别人做心理辅导的时候,我们告诉他们各种防御姿态并且让他们进行角色扮演。大多数时候,他们会迅速看出其中的一种或几种姿态。在示范要结束的时候,我们通常会帮助他们进入与先前不同的"和睦的姿态"。

　　在角色扮演当中,"和睦的姿态"能够反映出"在基督里他们的身份"。我们让他们把两只手放在两侧后站起来,然后我们要求他们做几次深呼吸来放松自己。这个时候他们经常会闭上眼睛,然后我们缓缓地提示他们:"你是奇妙的创造,你是上天拣选的孩子,你可以得到无条件的祝福,你可以被赦免,上天知道你内心的渴望,试着相信这些真理。"

　　令人惊讶的是,当我们让夫妻一起做这个示范的时候,几乎每

图 6 和睦的姿态

一对夫妻都是以相互拥抱而结束。许多人因认识真理所得到的领悟和释放而流下眼泪。然后,我们会问他们,如果他们采用这样的姿态,他们将会如何重新面对生活中的问题。

姿态是一件大事,每个人都拥有它。从童年时代起,人们就开始看到它,并且和表现不同姿态的父母一起成长。人们的姿态深深地影响到自己的生活方式。花时间进行操练,才使自己成为一个能运用和睦姿态的人。

不健康的防御措施,无论是个人防御方面还是在人际关系防御方面,两者都会伤害内心真正的自我。它会使人们在世界面前把自己隐藏起来,并且再也不被别人真正了解。但更为重要的是,要去了解究竟是什么原因使人们养成了这些不好的姿态。在下一章中我们会告诉你,你是如何通过与环境的互动,一步步陷入到你的防御措施中去的。

本章思考要点

➤ 想一想生活中你真正关心的人,比如你的配偶、母亲、父亲、朋友或兄弟姊妹,问一问你自己和他们在一起时你常用什么样的姿态。

➤ 他们大多数情况下对你采用什么姿态?

➤ 尝试和一个朋友或你的配偶练习各种姿态,包括和睦的姿态。

第九章

情绪陷阱和触发地雷

谎言的欺骗性就在于：解决的问题少，制造的问题多。

——伯纳德·巴鲁特

　　杰克去找他非常尊敬的老板，想和他谈谈自己的问题。当杰克走进老板的办公室时，老板说："现在不行，杰克，我太忙了。"杰克感到很郁闷。回到自己的办公室后，杰克快要哭了，但他很快就控制住了自己的情绪。之后，杰克心想，"我到底是怎么了？"

　　有一天下午，桑亚问她九岁的女儿萨曼莎今天在学校过得怎么样。萨曼莎告诉她有几个男孩取笑自己。看上去，萨曼莎并没有受到多大的影响。之后，女儿到别的屋玩去了。没有想到的是，桑亚对此感到非常愤怒。她给学校打电话，并要求和她女儿的老师通话，她大喊："我要求将这些男孩从学校开除！"

　　马里奥和他的妻子罗希在家里面讨论他们需要完成的一项计划。罗希说了几件想要丈夫去做的事情，正当她一五一十说下去的时候，马里奥忽然非常生气地说："你为什么这样对我讲话？"

　　吉塞拉打开信箱，发现了一张银行寄来的资金不足通知单。她感到非常恐惧，马上想到他们的家庭经济状况要失控了。她给丈夫打电话，并且开始朝他大喊大叫，说他不负责任。她讨厌自己太情绪化，但是她的害怕和怒气控制着她的反应。

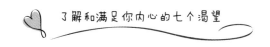

这几个例子说明了隐藏的情绪是如何触发的。当现实中的一些事情把人们带回到过去发生痛苦事件的记忆中时,人们的情绪就会一触即发。有一些情绪人们能意识到,另一些情绪人们意识不到。其结果是,人们对眼前的事情反应过度,而且很不恰当。别人也难以理解人为什么会做出这种反应。有些情况下,这种过度反应会导致人际关系的破裂,增加生活中与人相处的难度。

杰克的父亲很少有时间和他在一起,也从不肯定、祝福他。桑亚在她小的时候经常被男孩们嘲笑。马里奥的母亲常常发火批评他,不停地告诉他:"从来就没有把事情做好!"

吉塞拉生长在一个把"经济责任"等同于一个人是不是好人的家庭,所有能觉察到的家庭经济问题都会产生养家糊口的恐慌。

人的大脑通过各种方式储存信息,它有两种记忆方式。一种是视觉的,人们能看见过去的事情,这些视觉记忆也许并不总是准确的,但人们仍然在大脑中获得了印象。另一种记忆方式是感觉情绪的,人的身体能储藏自己曾经拥有的每一种感觉,包括触觉、嗅觉、听觉甚至是味觉。举例来讲,如果要求你去回忆你最喜欢的甜食是什么滋味,你身体的记忆就会将这种滋味带给你。你还能记得和你的恋人之间第一次的亲吻或拥抱是什么感觉吗?你还记得在电影院里爆米花的滋味和球赛中热狗的味道吗?

人的大脑储存着曾经拥有的所有情绪感受,哪怕已经过了 50 年,它们仍然可以被回想起来,就像当天发生的一样。举例来说,上中学的时候,特雷弗是一个优秀的篮球运动员。上高中的时候,他的身材不高,被球队放弃了,对他来讲这是灾难性的一年。现在,作为父亲,当他得知 10 岁的儿子没有被巡回比赛篮球队选上时,特雷弗感到非常生气。这个事件触发了特雷弗在他高中时期所经历的负面情绪。

记忆是一件很美好的事,帮人们记住许多重要事情,这些事是人生的一部分。人的记忆可以带给人喜悦和幸福,记忆使人可以留住信息和知识,它们支撑着一个人的工作和人际关系。记忆会保护一个人,人闻到烟雾并提醒自己避免失火;一个人靠近一个热炉子并且想起碰到它就会有烫伤的痛苦;一个人听到别人打电话寻求帮助,就知道我们需要做出反应。一个人一生的经历在自己的大脑中建立了一个记忆的库存,人可以利用那些信息来做成有益的事业。

当记忆告诉一个人有些事很危险,他就想要避开,可能会逃跑,或者想要处理它,也许会和它作斗争。通常这被称为"战斗或逃跑"反应,也被称为压力反应,这是人生存的法则,也是人的记忆中的主要部分。当你想去大街上玩的时候,你能记住一个大声地警告或斥责吗? 今天当你左顾右盼的时候,在你耳边有没有你父母的声音呢? 每天想一想你的各种经历,它们能带给你与情绪相连的各种记忆。

所谓心理压力,就是现实中并没有危险的刺激,却会使你想到过去有过的危险记忆。我们都能记得在9·11悲剧期间,作为一个国家我们所经历的创伤。你还能记得9·11之后你第一次坐飞机时的感受吗? 你是否有一些焦虑呢? 你有没有四处看看在飞机上有没有可疑的人? 明尼苏达州发生过一起大桥断裂事故,在事故之后的一段时间,人们常常会感到开车通过的每一座桥梁都可能倒塌。

那些都是在人们生活中很常见的反应。有时候,人们会对几十年前发生的事件做出非常相似的反应。马特小时候受到一个男

人的性侵犯,直至今日,她仍然对所有男人的身体接触非常敏感,以至于她必须提醒自己,今天的她是安全的。严重创伤事件的后遗症是长期的。

你有没有感到焦虑和害怕? 你无法理解为什么有时自己有这样的感觉,其实,现实中没有发生什么事让你有这种感觉。因为人的身体里储存了所有经历的记忆,来"告诉"自己过去经历的痛苦,哪怕当时没有有意识地去记住它。头疼、背疼、肚子疼以及身体上所有不同的疼痛都可能是一个人拥有的心理压力的表现。通过心理压力的症状,人可以从中了解并问自己,这些症状是不是由过去痛苦的记忆所带来的生理反应。

一位妇女告诉我,有一次她要上台演讲的时候,开始肚子疼。上小学的时候,她作过一次演讲,结果所有的同学都笑话她。她感到非常窘迫,跑到洗手间大哭了一场。她的肠胃以及早期的经历储存了这段记忆,每当她想要在公共场合讲话的时候,她的胃就提醒她早期的经历。

当记忆储存了过去的情绪感受后,有的人可能会误认为自己已经处理好了过去的痛苦经历,但事实上他并没有克服记忆中的情绪,这些情绪仍然会被触发。焦虑、孤独、害怕、生气、难过(这里列举的是几个主要的情绪)可能会在人的记忆当中储存很多年。

在最近举行的会议上,我们参加了一次宴会。走进歺厅时,我们发现自己的座位没有安排好。尽管我们都是很成熟的中年人,但在一瞬间,就感觉好像自己回到了学生时代第一天入学的情景。一个人来到学生食堂,犹豫不决,不知道自己应该坐在哪里。当然,这个经历没有持续多久,因为我们很快看到了朋友并且很快和他们坐到了一起。这虽然是一件小事,但足以说明,日常生活中最常见的事如何触发我们过去的情绪。

没有什么事像失去亲人那样会把一个人带回到痛苦的情绪当中。三月里的一天,马可感到心中难过并且有点抑郁,他这种感觉没有现实的理由。黛比提醒他,这是他父亲去世周年的纪念日。对于那些失去亲人的人,某年的同一时间心中常会提醒他们曾经有过的痛苦。季节、温度以及一年中的某个时间,都可能引发他们回到失去某人时所经历的痛苦中去。

回想你曾经经历过的失去亲人的感受,当你想念他们的时候,是不是仍然会带给你伤心的感觉呢? 如果你过去和他分享过你喜欢的歌曲或食物,而今天你又听到了这首歌曲或吃到了这个食物时,是不是把你重新带回到悲伤的情绪中呢? 你的记忆会把这种联系永远地保存下去。

我们辅导的一个人最近告诉我们:"我心里有很多我父亲批评我造成的伤心回忆。"她的父亲过去离她很远,很少对她肯定和祝福。今天,当她想要和她的丈夫建立亲密关系时,这位妇女很难相信他真的会关心自己。不管他说什么,男性的声音就足以把她带回到她父亲曾经给她留下的伤心和孤独之中。

医治你的记忆

当你读这一章的时候,你心里面会呈现什么样的记忆呢? 我们鼓励你写下来或用日记记下来。至少你可以考虑和你的配偶或朋友来谈论你的记忆。没有什么比友谊更能带给自己舒服的感受了。和某个人分享你的情绪失控以及与此相关的经历可以帮助你与对方建立心里的连接。在你和他分享的过程中,虽然你的负面情绪不会马上消失,但你会经历到分享这些事件所带来的亲密感。

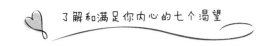

你可以通过承认自己的脆弱而感受到与另一个人的关系更加亲密了。

医治你的记忆这件事情非常重要。当一个人医治记忆的时候，他可以看到那个时候自己的认知，并重新把这些错误的认知更新成今天的真理。一个人的记忆通常会影响到他目前的情绪和人际关系。如果一个人不知道如何处理自己的记忆，就会促使自己转去与情绪、人际关系以及婚姻作斗争。

艾萨克是一个很好的人，他一直在和他的抑郁症作斗争。他没有按时上班，因为有时候他根本上不了班。他的妻子为了鼓励他已经筋疲力尽。他去看过医生，医生给他开了抗抑郁药，但这些药物效果不好。对于他过去的经历，艾萨克从来没有认真对待过：在他三岁时，他的父亲就去世了。他的母亲为了养家糊口，工作非常辛苦，也很少有时间在家。艾萨克不得不自己照顾自己，很少能得到别人的支持和鼓励。他一直是在凄凉和孤独中生活，感受凄凉就成了他应对生活的防御措施。现在，这种伤痛正在影响着他的工作和婚姻。

朱莉安娜的母亲始终心情焦虑，她就是在这样的环境中长大的。她的母亲表达焦虑的方式就是不断发问。朱莉安娜学会了快速回答问题，并且在她母亲说话时马上闭嘴。每次朱莉安娜有事提问时，她的母亲就有很多的反问在等着她。她也变得非常焦急——后面会不会还有更多提问呢？现在她结婚了，她发现好几次当她丈夫问她一个问题的时候，她就会住口并避开他的问题。当然，她这样做会让丈夫感到莫名其妙，因为他会认为妻子根本不关心自己的感受。

在他们的成长过程中，艾萨克和朱莉安娜都没有得到肯定和无条件的祝福。在某些方面,他们也没有安全感。今天,过去的伤害所带来的情绪还在给他们制造困难。带着这样情绪的人也很难得到别人的肯定和祝福,因为他们忽视了这些东西的影响力。

渴望是如何引发情绪的

在你小的时候,很可能你的七个渴望之一没有得到满足。现在,你长大成人了,很显然,一些看似无关紧要的事,将会以强大的和复杂的方式引发你内心的渴望。

没有被人倾听和理解的那些人在成长过程中会想尽办法寻找他们内心的声音——有机会说出他们的感受、需要和渴望。他们也许很健谈,但是不愿倾听和理解他们的人很容易把他们带回到过去熟知的伤害中去。由此导致的愤怒或凄凉,事实上会伤害他们自己,因为他们使别人产生排斥感。

那些没有得到别人肯定的人,总想知道他们是不是把事情做对了。任何的批评,哪怕是建设性意见都可能会使他们产生内疚感,让他们感觉自己"什么事也做不好"。哪怕有人没有对他们说声"谢谢",也会使他们生气。他会这样想:"是不是我又做错了什么事?"即使你称赞他们,他们也可能无法相信你的赞美发自内心。

缺乏无条件的爱会导致罪疚感,并且持续地想要得到无条件的爱。那些从来没有得到过无条件祝福的人,需要持续地得到别人称赞。遗憾的是,所有的称赞永远不会满足他的需要。身边的人都可能被他的自我中心排斥在外,由此造成的抱怨会很快把他带回到痛苦的情绪之中。

在没有安全感的环境中成长起来的人,会出现害怕和焦虑的情绪。实际上，遭受这些情绪困扰的人会站在他们的立场上产生什么都不安全的感觉。在这里，认知是关键，有些事其实没有危险，但你会认为它是危险的。记住马克的例子：今天接触他的人完全没有危险，但触摸这个动作把他带回到了过去不安全的场景中。

缺乏健康的触摸会导致慢性触摸剥夺后遗症。当人们长期失去与他人的身体接触，他们就会感到没有人爱自己，没有人支持自己。这样的人就会通过性关系来获得他们想要的身体触摸，这就使他们陷入了真正的麻烦之中。当配偶对他的性需求说"不"时，会引发他们那种被人抛弃的感觉，并且他们会用让配偶震惊的方式来做出反应。

缺乏重要感会留下"我没有吸引力、我不讨人喜欢"的心灵伤害。受过这些伤害的人会不停地把自己和别人进行比较。所有比自己长得好看或表现更好或取得更多成就的人，都会引发他们觉得自己一无是处的消极情绪。朋友或配偶会告诉他们"你很漂亮"，但他们根本不相信所听到的。

在童年时期没有归属感的人在成年之后，会持续不停地改善自己或者逃避社交活动。没有被人邀请或接纳的感觉会引起他们痛苦的情绪。努力想改善自我形象的人，当他们想说"不"的时候，会对你说"是"，并且会以某种方式来作出反应，目的是为了成为团体中的一分子。他们会长时间地对自己感到失望，并且感到自己越来越被抛弃了。那些逃避社交的人甚至连想办法适应大家的愿望都没有。他们很安静、孤独，常常待在家里，很少到外面冒险。

有些人试图消除他们生活中能引发情绪的事情，因为引发情绪会导致情感的痛苦。在第七章中谈到任何的防御措施都可以用来逃避或者暂时减少伤痛。但这些防御措施最多只是权宜之计，并使你精神涣散——没有一种防御措施能够起到长期医治的作用。

　　那我们究竟应该怎么办呢？最终的目标就是能够认清引发情绪的因素，追溯到它的源头，然后重新做出选择。如果你想和别人建立好的关系，要想完全消除情绪陷阱是不可能的，只要一个人和别人建立关系，他就会陷在其中。情绪健康的人都知道，引发你强烈情绪的人并不是有意要伤害你。

　　我们和你分享最近的一个例子。当我们完成这一章的写作时，正好快到感恩节了，我们因为到处演讲，所以旅行了好几个星期。生活如此地忙碌，黛比为全家一起到外地旅行做准备，忙得不可开交。由于过度疲劳，黛比发现当马克问她一些简单问题的时候，她不但不想回答，相反还说了一些讽刺的话，这种防御措施是因为黛比压力太大。因此，虽然马克不欣赏她讽刺的言语或一不高兴就走开的行为，他并没有臆测是他自己的问题还是她不关心自己。然而幸运的是，马克没有反唇相讥去激怒她；他也没有用自己的防御措施来做出反应，因为他知道黛比的行为并不是由他引起的。

情绪陷阱引发恶性循环

　　当一个人被情绪所困时，他会用自己的防御措施再把另一个人陷在情绪里面，情绪陷阱成为恶性循环。当黛比因没有重要感和归宿感的痛苦记忆而陷在情绪之中时，她的防御措施是选择逃避。面对她的防御措施，马克很容易陷在其中，因为她的行为使他想起了自己人生中母爱的情感缺失所带来的痛苦记忆。然后，他就会采用理性至上或信仰至上的信念，运用各种方式和你辩论。他的这种应对方式会让黛比陷入到情绪之中更加难以自拔，她会变得更加逃避。同时，马克会变得更加愤怒。从那一刻开始，两人就开始互

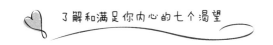

相不服对方。所以他们才会有上面的表现,有时他们会连续好几周陷在这个怪圈之中。

打破恶性循环的唯一办法就是开始把你的感觉诚实地说出来,并且承认你实际上采用的不过是一种防御措施。你可以谈论冰山模式中水下的任何部分——你有什么样的想法,你接受了什么样扭曲的信念,你有哪些说不出来的期望,你的需要和渴望是什么,等等。这是处理情绪陷阱的唯一办法,这样才能让引发你情绪陷阱的人,开始真正了解你所想的和你所感受的,这才能建立亲密关系。

另外一个策略就是休战,并且努力不要让情绪陷阱一直控制你自己。你可以沿着街道散步、看看书报或者给能够倾听的人打个电话。当你这样做的时候,你大脑中理性部分就有了足够时间来摆脱情绪的控制,从而你可以能够选择正确的决策来替代你根深蒂固的心理防御措施。

如果因为你的问题而引发了对方的情绪陷阱,而对方也采用伤害你的防御措施和行为。一定要记住,你不要试图当讨好者来维持表面的和平和摆脱情绪陷阱。很多人会这样做,这是因为人们对情绪陷阱所产生的痛苦会感觉很不舒服,但是当他们这样做只是为了使对方高兴时,他们就会让那些不健康的防御方式恶性循环下去。真实的东西不但没有得到肯定,反而被隐藏了,亲密关系也没有了,因为双方都没有分享他们真实的情绪,因此都没有得到对方的倾听和理解。

当你情绪越来越健康的时候,你会学会识别情绪并很快地从情绪中走出来。你会决定和愿意倾听的人谈论你的情绪陷阱,好的倾听者就是那些能够在你的情绪之中接纳你的人。他们不会论断你,也不会急着要解决你的问题或是你面临的难处。

　　拥有健康的情绪就要我们去思考自己所拥有的认知、理解、扭曲的信念,来重新评估它们是否代表今天的事实真相。在下一章中,我们将提出更多处理情绪陷阱的策略。

本章思考要点

◈ 想一想最近让你陷入到悲伤、生气和害怕的情绪陷阱中的生活案例以及这些情绪是如何让你反应过度的?

◈ 当你陷入情绪中时,你如何做出反应以及采用何种防御措施?

◈ 情绪陷阱是否给你带来痛苦的记忆?

◈ 你能不能把自己的情绪陷阱和没有满足的一个渴望联系起来?

◈ 记住对自己要宽容,因为训练自己做出这样的反应需要较长的时间。

第十章

情绪陷阱和心意更新

情绪陷阱并不是人们要逃避的经历。相反,它们提供了人们在心灵和情感上成长的机会。

蕾切尔在青少年时期受到性虐待。结婚以后,她一直在性生活方面有问题。只要她一想到性的问题,就会陷入到过去遭受性虐待的痛苦之中。她决定告诉丈夫她过去受过的性虐待,丈夫完全理解并对她的痛苦十分同情。在性关系上不勉强也不强求她,最终使妻子得到了医治。他这样做也帮助妻子认识到在性关系方面,她的丈夫是安全可靠的。

情绪陷阱给人带来痛苦并且导致我们出现各种各样的问题,人们很不喜欢并且竭力想要摆脱它们。因此,有人会问自己这样一个问题:"如何才能从所有的情绪陷阱中得到医治?"有信仰的人希望能够被治愈或从情绪陷阱中释放出来,他们可能会祷告,"上天啊,请你把我的痛苦拿走。"当上天看上去没有治愈他们痛苦的时候,他们会变得非常失望和愤怒。问题在于情绪陷阱来自于人的记忆,而人的记忆不会消失。一个人实际上也不想让自己的记忆消失,它们是一个人生存的一部分。那么,人们该怎么办呢?

当一个人出现情绪陷阱时,如何处理需要有一个正确的选择。人可以把情绪陷阱转变为改变生命的动力(如上面的例子),情绪

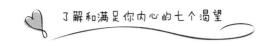

陷阱就可以转变为心意更新。

当人们在信仰和医治中不断成长的时候,他们不再害怕情绪陷阱。以前情绪陷阱会让人们痛苦好多天。现在,通过一些方法人们可以在几小时或几分钟内处理所产生的情绪陷阱。当人们在信仰和成长中成熟时,他们学会如何处理情绪陷阱并且在情绪陷阱中寻找更深层的意义和答案。

接纳我们自己的情绪陷阱

当陷入情绪陷阱时,人们第一个也是最大的试探就是去谴责使他们落入情绪陷阱的那个人或诱发事件。人们可能会说,"我的配偶根本没搞清楚。"或者,"我的老板太坏了。"或者,"天气太糟了,我太郁闷了。"在属灵上最糟糕的情况是:我们甚至会谴责上天。

当然,现实生活中确实有人有时会做一些伤害我们的事。在这种情况下,人们对这个事件的情绪反应可能是适当及时的。有时候遇到不可抗拒的天灾人祸,人们也会陷入情绪陷阱。人们需要面对痛苦并使用正确的方式来处理,要为自己如何对这些事做出反应负责。

记住,一个人会对所有进入心中的信息进行过滤。这种过滤来自于一个人的生活经历、信念、理解和认知。所有这些都源于一个人的原生家庭以及他是在什么样的文化和时代背景中成长的。对于几乎相同的人、事件、刺激物,不同的人会有截然不同的反应。这取决于他们的记忆是如何处理眼前信息的,过去有过什么样的经历决定了引发什么样的情绪。所以,如你所知,你的情绪和生理反应在很大程度上取决于你在童年时期是如何学习处理它们的。

正因为你由于某种环境陷入情绪陷阱，你可以从中学习，为什么别人在面对同样的情境时却没有落入情绪陷阱。

玛利亚来自一个充满活力的意大利家庭，大家习惯于大声、咄咄逼人的谈话方式。她嫁给了威廉。威廉是一个独生子，出生于一个非常安静的家庭。他们家从来不会发生辩论，更不会容忍喧闹的声音。有一天，一个邻居因为一条狗穿过大街时狂吠而大声抱怨。玛利亚笑了笑，她也认为这条狗很烦人，但威廉感觉受到了攻击并且回家躲了起来。

以上就是面对同样的情况，两人却有着完全不同的反应，因为他们用截然不同的生活经历对当前的情况进行了过滤式的解读。

当一个人承认有自己独特的信息过滤方式时，他们就开始迈向"拥抱自己的情绪陷阱"之路。一个人意识到自己的反应只属于他自己，不属于别人，这是一个人走向成熟过程中的重要步骤。它使一个人停止指责别人并且开始成长，不是去说"你错了"，而是会说"我能看到自己对这件事的反应以及情绪陷阱是怎么来的"。这个人开始想起过去的经历并意识到这些经历给今天的自己带来了多么强烈的情绪反应。如果他真的成长了、成熟了，他也可以和别人沟通自己的过去和情绪反应。人们会对发生在自己身上的事情认真处理，并且从察觉自己的情绪中获得反馈。好朋友、家庭成员、配偶、牧师、辅导员都能帮助自己发现和处理情绪陷阱。如果能找到让自己感到安全的人，人们就可能会借助情绪陷阱来和这些人沟通，帮助自己理解它，并鼓励自己对它做出正确的选择。

某个礼拜天，罗伊在听牧师讲道，当他听到牧师讲"上天必有预备"这句话时，罗伊感到非常愤怒，他开始向他身边的很多人抱怨，说这位牧师简直是愚昧，也不体谅人的感受。之后，罗伊去和牧师谈了这件事。牧师考虑得很周到,他和蔼地问罗伊,是不是因为上天对他的某个祷告没有回应,所以他对此感到非常失望。罗伊很快想起了他小的时候曾经向上天持续不断地祷告,不要让他的爷爷去世,但爷爷还是过世了。牧师告诉罗伊,上天拣选他的爷爷回天上的家是因为上天想与他爷爷在一起,而罗伊则想要爷爷和他在一起,因此罗伊对上天的愤怒由来已久。这位牧师能够倾听并且接纳罗伊对爷爷去世的痛苦和悲伤。就像我们所说的,罗伊感到他的重担卸掉了,他的情绪陷阱有了更新。

当一个人能觉察到自己被情绪控制时,他就不再指责他人。这样,别人也就不再对自己设防并开始理解自己。当人们听到一个人诚实地承认自己有责任时,人们更容易支持这个人。事实上,拥有自己的情绪陷阱,表明一个人愿意承认自己过去的经历。一个人只有不再否定过去,开始接纳自己内心的各种情绪,才能使自己进入心意更新的下一个步骤——寻求痛苦的意义。

寻求痛苦的意义 🌸

寻求痛苦的意义就是人们不再因自己的痛苦去谴责过去或现在,开始理解如何从自己的生活经历中学习成长,包括从痛苦的经历中成长。人们发现,自己会不断重现过去的经历并陷入其中。当人们想要去理解过去的痛苦,恐怕也要重演一次过去的经历。任何人,当他生活在过去的伤害和伤口中时,他将感受到永无止境的怒气,从而成为长期的受害者。这些人可能会想,要是自己来自一个不同的家庭、不同的环境,那么自己的生活会比现在好很多。当然,这是一种人人都有的自然倾向。这就是"假如"综合征。比如认为,如果这个事或那个事没那么糟的话,他们肯定就会比现在更加幸福。

人们相信,理解过去所有的痛苦是很重要的。关键在于要知道自己的记忆是如何通过某种信念、理解和醒悟来影响自己的。不同的痛苦会使人们陷入不同的情绪反应中。从这一点看,人的痛苦是独特的,引起痛苦的环境对每个人都不一样。

但是,如果痛苦对每个人是独特的,它就可以分享。我们最好的老师之一亨利·卢云说过,当我们看到自己痛苦的独特性时,总是会想,要是当时不遇到这些事就好了。由此,我们就失去机会去感悟"痛苦是人生的一部分,是世界上每个人都要去经历的。"卢云称痛苦的普遍性为"那个痛苦"。你认不认识这样的人,在他们人生中或在人生的某个阶段一直没有出现问题或难处?你是否认同所有人或多或少在生活中都会遭遇痛苦?经历痛苦是人类生存的基本形态。

耶稣,祂是上天的儿子,但作为一个人,祂经历了人类所遭受的各种痛苦。作为基督徒,我们事实上相信祂不仅经历了痛苦,还把所有的痛苦带上了十字架并且击败了人类生活中罪的权势。在上十字架之前,耶稣甚至经历了犹太领袖们对他情感上的折磨,在客西马尼园时祂被门徒离弃,还有罗马士兵对他肉体上的鞭打。耶稣经历了十字架上死亡、被人离弃以及被上天离弃的痛苦。耶稣其实可以选择另一种命运,但如果这样,祂就违背了天父的旨意。

当我们承认,痛苦本身对每个人是独特的,它也是全人类的痛苦,面对耶稣经历过的一切痛苦,我们就可以开始理解耶稣在马太福音 11:29-30 所说的,"我心里柔和谦卑,你们当负我的轭,学我的样式,这样,你们心里就必得享安息。因为我的轭是容易的,我的担子是轻省的。"

表面上看,任何人都不可能担负起耶稣的担子,因为耶稣的轭是要拯救世人。然而，"轭"这个词的关键是，当我们负轭时，我们挑起了一个担子，我们可以把自己的痛苦和重担与我们所爱的人分担——这样做我们就会变得轻松。

你是否和别人分享过你的问题或痛苦的情绪经历呢？当你这样做后，你所负的重担是否轻省了？当马克做心理辅导时，一开始很多人都会说："我从来没有和任何人说起过。"这可能是很多年前所犯过的罪。当他说出这个秘密的时候，马克能够看到这个人脸上轻松的表情。当一个人这样做时，他的压力变小了。

当人们回顾自己痛苦的经历时，甚至能发出感谢。这听起来似乎难以置信。其实，这是因为他们从痛苦中了解到其中的意义，没有这些痛苦，他们就很难在与人的关系中成长和成熟。

耶利米的父亲用皮带抽打过他，他多年来一直觉得这是家常便饭。当他的儿子长到他小时候挨打的年纪时，耶利米感觉，他也想用皮带抽自己的孩子。他和父亲说了这件事，他父亲向他道歉并且说，他打儿子是因为他小时候总是被打，情绪压抑。通过认错和分享，耶利米的父亲给了他祝福。今天，当他的儿子犯错时，耶利米知道如何态度坚决，又保持温柔和蔼。同时，耶利米和他的父亲有了更深的亲密关系。他因痛苦的经历反而把自己变成了一位好父亲和好儿子的角色。

索菲在婚前有过很多次性关系。罪疚感带来的痛苦足以让她取消婚约。但她勇敢地和未婚夫说出自己的经历。她也分享了当她走入教堂时感觉自己像个伪君子的罪疚感。她的勇气使未婚夫能够坦承自己过去也有过好多次婚前性关系。今天，他们互相原谅了对方和自己。在婚姻关系的各个方面，他们都更加亲密了，并且认识到两人共同犯过的婚前性关系的错，这在属灵和情感方面都是错误的。索菲和她的丈夫现在拥有更多的爱。其结果是，他们共同把原先错误的性关系转变成真正的"两人成为一体"的健康夫妻关系。

　　这些不过是我们所知道的数以百计的辅导案例中的一小部分。然而，这并不容易。正是他们经历了痛苦，才去深深地反思自己过去的生活，与他人分享自己的经历，从而正视自己所受到的伤害。

正确主动的行为

　　当受虐待的人或是因为一个错误决定被罪疚感折磨的人，决定在自己的经历中寻求意义的时候，他就会成为一个幸存者。幸存者不会因自己的痛苦而指责别人，不再为自己的处境难过；相反，他们会变得主动，设立界限并且寻求满足自己的需要。

　　渡过难关的人会懂得如何设立正确的界限。如果情绪陷阱是因虐待而引起，他们会因知道自己可以做出选择而有安全感。克里斯汀因为受到哥哥的口头侮辱而出现情绪陷阱。小时候，她哥哥常常直呼其名，并且因为她没有做某事而指责她。作为妹妹，她感觉不到自己有选择的权利，只能被迫接受。但今天，作为成年人，她知道自己可以通过选择来为自己设立一个安全的界限。当她哥哥再用语言伤害她时，她能够识别出自己的情绪陷阱和愤怒，并且决定不去在乎她哥哥的言语。她知道，今天自己不需要再成为一个受害者了。

　　渡过难关的人也会学到如何寻求满足自己的需要。在经历情绪陷阱之后，他们能够识别出自己的伤痛，通过了解自己内心的需要并采取其他的步骤来建立健康的情绪。你会注意到，无论什么时

候,渡过难关的人总会清晰地寻求自己的需要,他们会表达出七个渴望中的一种渴望。当人们对克里斯汀说出无理的话或指责她时,她明白了自己受伤的情绪陷阱。她需要有安全感,知道自己可以选择忽略或继续生活在这些评论的阴影里面。之后,她就学到如何主动积极地通过沟通说出自己的需要:"在这里,如果要继续谈下去,而且让我感到安全,我要求你停止指责我。"克里斯汀还在她的生活中找到一些能倾听她说话并给予肯定的人,他们关心她但并不打断她的谈话。

今天,克里斯汀找到了她童年时期因哥哥造成的痛苦其中的意义。她反思了自己目前的情绪陷阱并且知道因语言上的指责和伤害给她带来的愤怒,这些都源于她早年的生活经历。她也知道,她不是一个无助的小女孩。当这些伤害行为第一次发生时,她的确是无助的。现在,对于自己被羞辱的经历,她可以选择用不同的方式来作出反应。在自己小的时候,她相信自己是问题的来源并且是个糟糕的人;但是今天,她知道了关于自己的真相:她是一个好女人,值得拥有爱和安全感。她也知道如何通过自己的选择来为自己寻求安全感,她更知道当自己处于被人羞辱的境地时,如何通过选择为自己寻求安全感,现在她拥有的资源很丰富。她有能力说出自己的需要和愿望并得到满足,而不是隐藏或逃避——这是她过去采用的对自己语言伤害的防御方法。克里斯汀通过更新对情绪陷阱的认识得以成长。

新生命

情绪陷阱如同照亮我们的灯塔。当人们不能看清楚、说明白时,就不能医治内心的痛苦。黛比重新对自己解释了"情绪陷阱",

因此它就不再代表"痛苦是她不喜欢去做的令人烦恼的事情"。相反，她使用"新生命"来代替"痛苦"，意思就是各种各样的祝福。当我们因外在刺激造成一个伤口而拥有"新生命"的时候，我们可以开始理解它并从中得到医治，做出改变；当我们不再让情绪陷阱控制自己行为的时候，我们就会掌握主动权，从而自我成长。

在黛比的书《出轨的婚姻》中，她谈到了妇女如何处理丈夫的性背叛问题。对这些女人来讲，因为受伤而引发情绪陷阱的事时有发生，特别是在她们发现遭受丈夫背叛的第一年中。幸运的是，这些女人可以经历我们在本书中描述的过程。黛比辅导过数以百计的妇女，她已经知道当情绪陷阱转变成心意更新时，她们就获得了"新生"。

当人们和朋友、家庭成员或配偶一起分享自己获得"新生"的过程时，他们就可以给予别人安全感。有安全感的人可以成为我们的同伴：这样的同伴既是人生的伙伴，也是我们痛苦中的伙伴。同伴可以让我们经历到更深的亲密感，这是一份珍贵的礼物。

原谅那些伤害过我们的人

治疗过去痛苦最好的方式就是原谅那些伤害过我们的人。有信仰的人对饶恕别人应该有更多的了解。然而，大多数人都知道，希望得到别人的原谅并主动请求别人的原谅比原谅别人容易得多。

了解人们所拥有的渴望以及当他们的渴望没有得到满足时他们采用的防御措施，可以帮助人们在宽恕方面不断成长。如果我们同意他们一直想要满足自己未能拥有的东西——被理解、被肯定、被无条件祝福、有安全感、被人身体接触、有重要感和归属感——

他们已经在人际关系中运用了互相伤害的方式并通过难过、痛苦和生气来进行心理防御,我们就会看明白别人为何那样做。人们可以从不同的视角来看别人的行为和生活经历。每个人可以对他人的内心动机做出一个判断。人们可以判断他或她的行为不是恶意的,而是为了自我保护。有的人的行为伤害性很大,但这也许是他们能做的最好的选择。就像人们为自己的行为寻求饶恕和恩典一样,人们现在可以用同样的方式来原谅对方。

很多人被父母伤害过,但慢慢地,他们自己也逐渐为人父母。人们做父母时为自己的孩子们感到骄傲。人们知道自己犯过很多错误,其中的一些错误伤害了孩子们。初为父母的经历让他们发现,当自己犯错时向孩子认错是件好事。有些人会说,孩子会因为他们的道歉而与他们对着干,但实际上从来不是这样。人们期望孩子们也能懂得当他们犯了错误时,如何去向别人承认自己的错误。

回顾自己经历的人生之路会发现,自己也犯过错误,伤害过朋友、亲人以及我们在布道和心理辅导中所接触的人。但他们特别清楚的是,如果自己期待得到孩子和他人的原谅,他们也需要原谅那些伤害过自己的人。

认识到自己并不会总是愿意去宽恕别人是很重要的,正因为此,自己受伤、生气、怨恨的情绪很难消失。一个受伤的人会寻求把"我受伤是活该"的情绪永久保留下去。但是,抓住人们愤怒和怨恨的情绪不放,伤害的并不是别人而正是自己。马克最喜欢的作者之一弗雷德里克·布克纳是这样说的:"七宗罪当中,生气的内涵最耐人寻味:舔舐伤口,回忆很久以前的痛苦,想到面临的冲突,你搅动舌头,体味自己的痛苦和不能饶恕别人而带来的痛苦,在很多方面就像参加了一次'情绪盛宴'。唯一的不同是,你'大快朵颐'的正是你'自己的生命',宴会结束后,你看到自己只剩下一个'骷髅。'"

我们习惯地认为,别人应该到我们面前请求原谅。他或她应该承担做错事的责任并且表明自己明白由此造成的伤害。人们花了很多时间希望得到这样的认同。但宽恕的艺术是,人们需要为了自己去这样做,在有些情况下需要自己原谅的人已经不再和他们一起生活了,有一些人甚至已经过世了。人们竟然会对那些已经去世的人继续生气、埋怨和反对,这是不是很奇怪呢?

当你不知如何去原谅伤害过你的人时,提示你去想一想你自己被人原谅是什么样的感受。我们常常认为宽恕可以很快地做到,不需要太多准备。但我们发现,有意义并且能持久的宽恕需要很长时间。如果你没有先经历过被宽恕是什么样的感觉,真正去宽恕别人将会变得非常困难。

如果说在治疗过程中得到恩典是那么重要的话,你就需要知道得到恩典是为了什么——换句话说,你一直受伤和犯罪的行为是什么? 了解自己的人性如何,以及自己如何或多或少地也伤害了别人是要花一些时间的。当你伤害别人的时候,反思自己如何伤害别人是很困难的,所以要花时间去思考所有这些事情。如果你做好准备决定放弃你的苦毒和论断,宽恕别人,你肯定会得到医治的。

这一章真正要说的就是,情绪陷阱并不是人们要逃避的经历。相反,它们提供了人们在心灵和情感上成长的机会。当人们拥有自己的情绪陷阱时,他们承认要为自己的行为负责,也不再去谴责别人。人们在情绪陷阱中寻求意义,宽恕那些引发他们情绪陷阱的人,并借着这些人使自己的生命得到更新。

我们已经解释了冰山模型各个层次的内容,人们是如何陷到情绪里去的呢? 面对情绪陷阱,人们能做什么? 在下一章,你会学到如何运用冰山模型去真正理解你内心的渴望。

本章思考要点

请注意:由于有的问题有着深刻的根源,痊愈的医治过程可能要有几周、几个月或者几年的时间。

▶ 找到一个能分担你重担的人 —— 配偶、朋友、亲戚或辅导员,告诉他们你的情绪陷阱。当你与别人分享自己的伤痛后,你的感觉如何?

▶ 回顾一段你痛苦的生活经历,你如何才能在其中找到痛苦的意义并且把它转变成新生命?

▶ 认真看一看第三章的表格。如果你还没有这样做,现在就去找出过去侵犯你或忽略你的人。然后花时间为每一个你想起名字的那些人祷告并宽恕他们。

第十一章

使用冰山模型

冰山的美丽和特点大都隐藏在水面以下。同样,我们看到或了解到的往往也只是人性本质的一小部分。

冰山模型可以帮助我们重塑许多自我认知方面不切实际的期望,重新解释扭曲的认知、理解和信念,使我们拥有诚实的、内外一致的情绪,避免错误的心理防御措施。当我们照着这样去做的时候,我们内心的渴望很可能会得到满足,也能够在重要的人际关系中建立起亲密关系。我们所经历的满足感和成就感将会达到一个新的水平。这样说,似乎有些过于自信,但这些都是在我们自己的生活中实际发生的,在我们辅导的人身上也是如此。

请看一看如何把冰山模型运用到已婚夫妻(奥尔加和尼克)日常的生活中去。请耐心和我们一起更深入地去了解这个模式。我们的目标是告诉你如何使用这个模型,这样你就能把它运用到你自己的实际生活中去。

奥尔加和尼克

这一周刚开始,奥尔加就请丈夫尼克周六花时间陪她开车到乡下去,找一个古雅的地方吃顿饭,顺便欣赏秋色。尼克同意了这次远足计划。

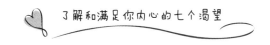

到了星期六早上,奥尔加急着想在九点前出发。她为这次远足备好了咖啡和白天出行要用的一些东西。可是到了十点,尼克还在睡觉。事实上,他到十一点才起床,然后告诉奥尔加,他还想看几封电子邮件。一个小时以后,他又溺在了电视机前看足球比赛的开幕式。奥尔加挖苦地问:"天黑之前你能准备好出门吗?"他的回答是,他需要整理一下衣服,再喝一杯咖啡,然后就出发。

事情到了这个地步,奥尔加简直气疯了,她抓起一杯咖啡说:"那我一个人去吧!"尼克问她能不能再等五分钟让他把衣服穿好。她说:"不,我已经等了太久了!我走了。"本来可以相伴的一天就这么毁了,他们两个人都用自己的方式对此做出了反应:她选择自我孤立,他则看了一下午电视。

我们通过冰山模型来帮助奥尔加,让她认识到她真正想的和感受到的是什么。我们陪伴她走过情绪的低谷,借助冰山模型中所提出的问题来和她一起讨论这件事。下面是她所经历的辅导过程:

她所看到的行为:尼克把睡觉、收邮件和看电视看得比她还重要。

当她看到这些行为时,她的情绪是:生气、难过、挫折感、孤独感。

当她感觉到这些情绪时,她的防御措施:退缩并且隐藏她的情绪、挖苦、离开 / 孤立自己、讽刺别人。

她对尼克的行为做出的扭曲解释是:他根本不在乎我,他根本不想跟我在一起。

关于她自己扭曲的价值观是:我不重要,没有人喜欢我。

造成今天痛苦记忆的成长经历:她的父亲是一位旅行推销员,很少在家。当他在家的时候,他则忙于帮助奥尔加的母亲,几乎没时间和孩子一起玩。他常常和女儿玩一会儿就不见了,总是忙着做一些家庭维修之类的事情。她从来没有感受到父亲愿意花时间和她在一起的重要感。

她的期望是:如果她邀请尼克和她一起到某个地方去,他就应该很热心并且马上去做。

她的渴望是:在尼克的生活中得到他的关注和无条件接纳。

关于奥尔加的真相是:她是重要的,别人的选择并不能贬低她的价值。

关于尼克的行为,需要她和他一起来探讨多种可能的真相,包括:他可能在过去的一周中极度疲劳,当他同意和奥尔加出去的时候,他忘记了自己最喜欢的足球队在周六下午比赛。他没有意识到奥尔加出去的地方离家很远,他以为出门只要花几个小时,他喜爱和奥尔加在一起,但如果拒绝的话,他会害怕妻子奥尔加的情绪反应,因为实际上他不太想去郊游。

当奥尔加能够重新认知她自己以及关于尼克做法的真实原因后,她就能够考虑那个周末的另一种选择:她不再生气、难过和孤独,就不会陷入到她的防御行为之中,她就能够从"她是有价值的和重要的"这个认知出发进行思考。下面讲到她如何换一种方式来处理这件事:

我其实可以和尼克分享我小时候被父亲忽略的种种经历。这样,当我们的计划没有履行时,他就能够理解到我的情绪感受。

我其实可以在我们出发前一天的晚上与尼克沟通一下,出发时间以及我们所去的地方有多远,并问他是否可行。

如果他没有按时起床,我还可以温柔地问他是否还愿意一起出发。

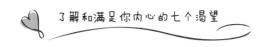

如果他确实很累,我还可以提议由我开车,并且为他带上咖啡。

看到他明显很疲劳,我可以建议另约一个时间出去或邀请一位女友和我一起去。

当她就那天的事和尼克进行沟通时,尼克为所发生的不愉快道了歉,并且向她保证那天发生的一切并不表明他不想与她在一起。他说,在那天的前一天,老板和他谈话之后,心里非常烦乱,一夜没有睡好。他并不是有意忽略她。

借着分享自己的经历并寻找可能的各种解决方案,奥尔加实际上认可了自己。而且通过接纳自己,她就不需要退缩,可以留下来使尼克能够听到自己的渴望来满足自己(这样也给予她重要感)。

让我们多看几个例子,来进一步了解如何使用冰山模型。通过阅读这些案例,你就会更好地认识如何把这个模式运用到你的生活中。

卡萝

卡萝 65 岁了,她的丈夫几年前死于心脏病。她的孩子和孙子都会定期来看望她,她也参加了一个很好的教会。在丈夫刚刚去世那段时间,医生给她开了少量的镇静剂。这种药确实能让她平静下来,她也喜欢镇静剂给她带来的平静。但现在她已经无法停药,而且她需要逐渐增加剂量。

卡萝的外在行为就是:形成了药物依赖。

卡萝的自我防御措施:她想要通过自我防御来处理自己悲伤、孤独和忧虑的情绪。其实,这些情绪对于失去亲人的人很正常,但她常常生自己的气,这就是情绪带来的情绪,她相信必须马上克服这些情绪。

卡萝的核心价值观:坚强的人应该能够挺过去,哪怕是失去亲人的痛苦,也不让它打乱自己的生活。

她的认知就是:如果她做不到这些,那么她就是一个软弱的人。

她的期望:期望自己在别人面前显得十分坚强。这个期望使得她不从任何人那里获得帮助。

她的内心渴望:她真正的渴望是在这个世界能有安全感,但这个安全感随着丈夫的去世消失了。他是一个非常在乎自己并给予自己归属感的丈夫。在多年的共同生活中,丈夫也是她肢体接触的主要来源。他是她生活中好的倾听者,给予她肯定以及无条件的祝福。失去自己生活中最重要的人让她感到很迷茫。

卡萝如何才能有别的来源使自己的渴望得到满足呢? 当卡萝学会使用冰山模型时,她开始坦诚地向她信赖的人谈论她自己的难过、悲伤、孤独、生气和忧虑的情绪。之后,她的悲伤开始以健康的方式逐步释放出来。她的几个朋友和她分享了她们在失去亲人时是如何经历这些悲痛并挺过来的。她的牧师鼓励她,告诉她这些情绪并不是缺乏信心或软弱的表现。渐渐地,她的医生帮助她慢慢减少了药量。现在,她已经完全不需要服用任何药物了。卡萝出门的次数越来越多,社交范围也更广了。通过诚实地了解自己内心深处的渴望并且把这些渴望和别人沟通,卡萝学会了通过多种方式来满足自己心中的渴望。

卡萝认为自己必须坚强起来,原因主要来自文化的影响。文化教给她一整套核心价值观——但是她现在开始修正这些价值

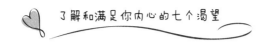
观。朋友和家庭成员们帮助她掌握沟通及表达情绪的方法。渐渐地,卡萝学习真实地表达情绪。她比隐藏情绪时更加坚强了。

柯蒂斯和贾丝廷

柯蒂斯讨厌他的工作,因为他的老板是一个真正的独裁者。工作压力让他身心俱疲。每天晚上,他回到家最想做的事就是看电视。最近,他买了一款最新的电脑游戏软件,可以玩一些他非常喜欢的游戏。他没有把这件事告诉妻子贾丝廷,他找理由说这是和三个孩子一起玩的游戏。

贾丝廷认为所有的电子游戏都是可恶的。因为柯蒂斯买游戏软件,她十分气恼,而且事先没有征得她的同意。她引用《圣经》的话告诉丈夫,上天对她说了,她的房子现在被一些东西充满——电脑游戏——它们不应该在家里出现。贾丝廷无法忍受柯蒂斯,所以她长时间离开家。有时候,她和朋友们在一起,并且向她们抱怨自己的丈夫。

当柯蒂斯和贾丝廷开始运用冰山模型时,他们明白了关于自己的一些问题:

柯蒂斯把看电视和打电脑游戏当做应对工作压力的防御措施。贾丝廷把指责对方并离开家作为自己在人际关系中的防御措施。她的信仰根基是自以为义和理性至上。她还通过和她的朋友分享的方式进行心理防御,这使得丈夫柯蒂斯感到被她出卖了。

柯蒂斯在工作中感到很大的忧虑,忧虑时间一长就会变得焦虑。当妻子贾丝廷对自己的防御措施作出反应的时候,他感到既羞愧又愤怒。贾丝廷也很生气,她为自己为什么不能控制情绪而生气! 贾丝廷常常觉得自己是一个受害者或者牺牲品。因为,当柯蒂

130

你为什么不快乐?

斯把时间都花在看电视上时,她却要一个人照顾三个孩子。

柯蒂斯现在知道他的核心价值观之一,就是他什么事也干不好。过去,他是从他的父亲那里形成这种感受的,现在又从老板那里体会到这种感受。他感觉贾丝廷并不认为自己是一个能做决定的男人。他认为她的信仰就是自以为义。而贾丝廷认为,丈夫在经济上独自作决定,说明根本就不关心自己。贾丝廷还记得小时候,作为家中最小的孩子,她感觉自己的观点从来没有人重视,自己不过是个长不大的孩子,从来没有人让她参与到家庭成员的讨论。关于自己,她的价值观是:我不够聪明,也不够属灵,没有人会听我说话。

柯蒂斯希望贾丝廷能理解他,不要对他生气。他认为自己可以放松放松。贾丝廷希望丈夫能帮着做点家务,并且换一种方式多花时间和家人在一起。她也期望柯蒂斯成为家中属灵的领袖,而且希望他不要把这种"有罪"的东西——新的电脑游戏,带到家中。

柯蒂斯渴望妻子肯定他为家庭一直在努力工作。他想要贾丝廷倾听并理解他的老板对他来讲相处起来有多难。还有,他每天的工作压力非常大。他想要得到理解,解压的方式之一就是允许自己买电脑游戏,并且和三个孩子一起玩游戏。但妻子贾丝廷渴望在做出类似的决定时能够让她参与意见。她希望自己属灵方面的观点能得到肯定。如果柯蒂斯认同她的观点,她就会感到自己是重要的。

借着这些新的认知,柯蒂斯和贾丝廷开始有了沟通和交流,他们开始增进彼此的了解,他们同意每天互相提醒一下,并且一起为孩子们以及全家人的安全祷告。柯蒂斯同意每周把玩电脑游戏的时间减少到几个小时。贾丝廷相信丈夫玩游戏对他和孩子并不是

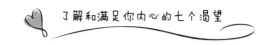

有害的,而是他们彼此相爱的一种方式。他们开始意识到自己过去的情绪陷阱、信仰以及采用的防御措施。他们要操练如何对这一切的事进行有把握的沟通,他们现在看到了希望。

伊莎贝拉

伊莎贝拉是一位带着两个儿子的单身母亲,14岁的哈利和10岁的威廉。最近,她发现哈利在学校一直有问题。哈利的老师要求开家长会。老师问伊莎贝拉有没有看到她让哈利带回家的"家长会通知"。伊莎贝拉没有看到通知,她到房间里去找。结果,她不但找到了通知还找到了一个空烟盒。伊莎贝拉崩溃了,在见哈利之前,她运用冰山模型来思考如何就这个问题和她的儿子进行沟通。

问题很显然:哈利在学校的表现有问题,而且他开始吸烟了。

伊莎贝拉对这件事很伤心,她担心哈利在学校的表现,并且为他的健康担忧。她的焦虑和担忧又反过来让自己很生气。她为自己未能尽早知道儿子的事而生气,也对哈利的欺骗行为感到生气,她也为自己的前夫不关心哈利的生活而愤怒。她知道哈利一定很害怕,因为他隐藏了家长会通知并且偷偷吸烟。

所有这些让伊莎贝拉得出一个结论:自己是一个"坏母亲","好母亲"不会培养出这样的孩子:不但学校表现不好,而且还学会了抽烟。她的认知还有:哈利处在叛逆时期,他肯定很压抑。伊莎贝拉一方面想要处理好这件事,另一方面还不想让哈利为此产生过多的罪疚感。

她的期望一直是:她的两个孩子对她完全诚实。她也期望她的前夫能参与进来。她不知道哈利的期望是什么,是否他真的认为妈妈还不知道自己所做的事。

伊莎贝拉渴望有安全感：她儿子不再吸烟。她渴望这么多年自己的劳苦能得到肯定。哈利也想要有安全感——就是母亲不要对他太生气，他渴望能在他父亲的生活中被接纳。

当她和学校的老师见面后，伊莎贝拉发现哈利一直与学校的其他几个孩子有冲突。老师说，这些孩子常常嘲笑他，他要成为一个"真正的男人"，那些孩子也吸烟。老师感觉哈利想独自一人偷偷抽烟，不想和他们一起以免发生冲突。由此带来的压力一直影响着他在学校里的表现。

之后，伊莎贝拉找机会和哈利谈话，她向他保证自己永远爱他，她为儿子受人嘲笑而难过。她告诉儿子，她为他感到骄傲。伊莎贝拉因为爱自己的儿子，所以愿意无条件地爱他而不考虑他做了什么！尽管会有一些后果，但妈妈这样做确实让哈利感觉安全。她通过和孩子一起处理问题还会让孩子感到有归属感。她告诉孩子这件事会有后果，并且他们一起商量如何实施，比如哈利一个月内不能再玩电子游戏了，这使他可以把精力集中在学校的学习上。

伊莎贝拉问哈利，愿不愿意就这些事和他父亲谈一谈，她发现自己只要一想起前夫和孩子相处时间非常少就会很难过。她没有在儿子面前去指责前夫。相反，伊莎贝拉和儿子分享了自己的伤心。他们决定一起打电话给他父亲并且请他过来谈谈这件事。这样做，他们其实接纳了父亲。

❤

在这些故事中，我们已经列举了一些相当常见的案例。我们知道有人也可能会遇到这些情况，当然不是人人都会碰上。我们只是想利用这些故事来说明如何运用冰山模型。你是否开始注意到，

你是如何有针对性地运用这个模型来帮助自己了解和满足内心深处的渴望以及关于你自己是谁的真理。我们希望这些故事能够激励你去看清自己的生活以及人际关系那些行为背后的问题。最终，我们希望，借着认识到你内心最深处的渴望，你能够去抓住这些核心问题而不再是表面的问题，因为你所看到的问题只不过是内心渴望没有得到满足时的外在症状。

在下面两个案例当中，我们要把冰山模型相关的问题用最简单的形式列出来，我们会为你回答各种问题，你可以运用这些表格进行自我辅导。

黛西

对黛西来讲，过圣诞节一直是一个挑战。当她还是小孩子的时候，传统圣诞节的准备工作非常复杂，前来过节的家人和亲戚也很多。如今，作为有两个孩子的职业妇女，她有时间和金钱方面的双重压力，她想尽办法来使自己的节日与众不同。她还会因为没有时间按自己喜欢的方式清洁屋子而着急。当节日越来越近的时候，她因为无法照着计划去做而变得手足无措。最终，她向家人生气，也非常沮丧。开始的时候，她没法说出来她心里所想的，但是借着冰山模型所列的问题，她开始意识到自己的许多思想和情绪。然后，她就能和家人沟通这些心里的想法，并找到解决问题的可能办法。

问题和行为是什么？ 没有足够的时间和钱准备过节。

当这个问题／行为发生时你的情绪是什么？ 没有人来帮助我，我感到很生气，我对自己没能完成的事感到很失望。

对于这些情绪你的防御措施是什么？ 我向孩子们大喊大叫，

我批评我的丈夫，我甚至不喜欢我现在的样子。

你对问题和行为的认知是什么？ 我的丈夫和孩子们非常懒惰；他们并不关心要把节日准备好，从而体面地过圣诞节。

你形成了哪些关于你自己的错误信念？ 如果他们关心我爱我，他们就会帮助我。

你的期望是什么？ 对于她自己：哪怕我需要工作并且抚养孩子也应该把这些事都做好。对于她的家庭：他们应该看到家里的需要，然后全力去做。

你的渴望是什么？ 我希望因为我所做的得到肯定，我希望因着成为一个好的母亲和妻子得到赞美，我希望有安全感（意思是免于焦虑，以及不再靠自己一个人料理所有的事情）。

关于你自己和这个问题的真相是什么？ 关于黛西自己：为了我们家能好好过节，我做了非常充分的准备。对于这个问题：我的家庭并不是像我想象中的那么齐心协力。但是，他们确实也参与了准备工作，我的期望是很不切实际的，没有考虑到自己的工作以及孩子们的年龄还小。

有哪些可能的方法做出改变？ 我要降低自己想要保持家中一尘不染同时还要准备好一场家庭盛宴的期望。我可以雇人来帮我干活。我应该更加清楚哪些事情以及什么时候我的家人可以提供帮助。我还应该请几天假，这样就可以有更多的时间来准备。

照着冰山模型一步步地去做，经过和家人沟通后，黛西有了新的认识，并且对如何过节有了更好的想法。只要妈妈明确告诉他们要做什么，她的孩子们也愿意来帮助自己。随着家人的加入，黛西不再要求房间完全整洁，因为她过去一直怕领导来家访时发现家中凌乱不堪。黛西的丈夫同意雇佣保姆来工作几个晚上，这样他们

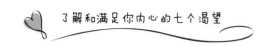

就可以有更多的时间去购物和休息——放松。总而言之,黛西比以前更能享受她的假期生活。她为自己不再生气发怒或者指责她所爱的人而感到骄傲。

莎拉和黛比

冰山模型也可运用于成人和孩子之间。我们用黛比和女儿莎拉的故事来举例说明。莎拉今年五岁,上幼儿园的第一个学期。

每天早上,都会有校车接莎拉上学。她弟弟乔恩只有两岁,留在家里和黛比在一起。有天早上,莎拉和平常一样穿好衣服准备上学,就在校车快来之前,她控制不住开始大哭起来并且拒绝上学。冰山模型帮助黛比与莎拉沟通了解到底发生了什么事。

问题是什么? 莎拉不想去学校。

莎拉的情绪是什么? 莎拉的回答是:"我生气难过,因为我要去上学,而乔恩可以留在家里。"

莎拉的防御措施是什么? 莎拉快要崩溃了——她失控并大哭起来。

不留在家里莎拉是怎么想的? 莎拉的认知:"你们和乔恩一起很开心,我却没有机会和你们在一起。"

关于那件事莎拉的信念是什么? "我从来没有像乔恩那样和妈妈单独在一起玩得很开心。"

莎拉的渴望(从黛比的认知出发):莎拉想要有归属感以及感觉自己是重要的。

在认可了莎拉的情绪之后,黛比问莎拉,"**怎么做才能让你感到高兴呢?**"(可能的解决方案)莎拉建议:"我想逃学并且单独和妈妈一起做事。"黛比提供的选择是:"爸爸在周六照顾乔恩,那天你和我一起玩,这个方案怎么样?"

最终的结果/行为:"好!"然后她就跑出去赶上了校车。

真正的问题永远不是你所看到的问题——心里总是有更深的部分需要去探索。现在你已经开始理解如何使用冰山模型了,我们会把注意力更多地集中到你如何才能运用这个模型上来,帮助自己也帮助他人满足内心的需要。

本章思考要点

本章的思考要点比起前面的章节多了不少。我们认为看到本书的这一部分,也许你已经准备好来认真学习运用前面所学到的知识了。

对于本章用"黑体字"标出的问题你今天是怎么处理的?我们鼓励你自己练习如何使用冰山模型,下面是几种基本的练习方法:

❧ 用一句话把你看到的问题或行为写在纸上或用一句话对自己说出来。

❧ 问一下自己,当这些问题出现时你的感受是什么。如果你有很多的情绪需要处理,可以查阅第七章的表格;如果你愿意,也可以把这些情绪写下来。

❧ 对这些情绪你的防御措施是什么?在你的心里或纸上列一张表。考虑其他各种解决问题的办法,要尽量具体。

❧ 当这个问题出现的时候,你有什么样的认知或你对此有什么看法?

❧ 这个问题让你形成什么样的自我认知?描述一下你形成的错误信念。回想一下过去出现的类似问题,甚至可以追溯到你的原生家庭。想一想你的父母或是身边有威望的人对这个问题当时是如何处理的,你是否对这个问题也有一些传统的看法。

❧ 关于这个问题,你对自己和别人有什么期望?

❧ 从这个问题中,你发现这是七个渴望中哪一个渴望?

❧ 这个行为和问题反映出你什么样的自我认知?

❧ 解决这个问题/行为,有哪些可行的办法?

如果你和别人在交往中存在一些问题,你也可以和朋友、亲人或者配偶练习冰山模型,以下是一些如何去做的建议:

❧ 询问他人是否愿意坐下来和你在健康安全的环境中进行沟通。

❧ 用一两句话说清楚你所看到的问题,询问他人是否准确描述了问题。

❧ 轮流沟通。你们中的每个人都要照着冰山模型从上到下一步一步地分析。如果另外一个人不知道这个模型，给他一份复印件，告诉他们如果他或她愿意在你一步步进行下去的时候能认真倾听，就更容易向他们解释清楚。

▶ 当你谈论到自己的情绪、防御措施、信念、认知、期望以及渴望时，请另一个人也照样去做。

▶ 注意不要打断对方。当你已经在冰山模型的每一个层面上沟通以后，请另一个人重复他所听到的。如果他们并不是十分清楚，重复一下你说的话。然后，请他们讲述冰山模型的各个层面，向他重复你所听到的，以确保你所听到的是正确的。

▶ 在你完成以上步骤之后，你会发现你们两人所描述的内容非常相似。

▶ 询问对方此时此刻对这个问题的感受，这个模型是不是让你们都有了新的观念，这个模型是否帮助你们从表面的问题上认识到了真正的问题。

▶ 对自己有耐心。使用冰山模型需要大量的练习，如果你和其他人一起练习的话，要温和地对待自己和别人。如果你走偏了路或者是情绪过于激动，不妨休息一下，之后回来继续尝试。如果你存在太多的问题，请别人听你诉说或者你们两人分别听对方诉说，这会使相互的沟通环境变得更加安全。

第十二章

满足自己的渴望

有趣的是,当你练习满足自己的七个渴望时,原先你期望别人给予自己的东西就会减少。你会开始真正地信任自己。

塞拉的母亲非常挑剔,父亲常常在外忙碌,这就是她原生家庭的状态。在她成长的过程中,她没有得到肯定和无条件的祝福。如今,塞拉在一家大公司工作,她的顶头上司也是一位女性。塞拉想要讨好她,但她从来没有感觉到上司为此而高兴。塞拉的工作部门中有许多男同事,他们都不重视她做出的贡献。目前他们在做一个项目,塞拉非常希望利用这个机会,借自己出色的表现让老板满意。她也很需要同事的帮助,但他们并不想像她那样拼命工作。她在这个项目上付出了许多额外的劳动,但塞拉感受不到同事的认可。她也从来感受不到上司对她工作的欣赏。有时候,她甚至感觉上司根本没有把她当一回事。塞拉在工作中一直很有挫折感。她非常焦虑,考虑自己是否应该换一份新的工作。

通过本书的学习,我们会了解成长过程中自己内心的七种渴望是否得到了满足。你现在过得好吗?小时候你的这些渴望满足过吗?如果回答是"没有",那么,你就会一直期望从你身边的每一个人身上祈求他们来满足你——如果你已婚,你特别想从配偶身上得着满足。

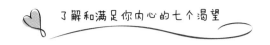

在塞拉的案例中,她很想要从周围的每一个人身上获得肯定和祝福。本章中,我们会告诉你如何才能满足你内心的这些渴望。这样做有助于你明白自己为什么总是不切实际地寄希望于别人来满足自己。其实,这不过是小时候内心的渴望没有得到满足所带来的后果。

你有没有意识到自己实际上一直想通过别人来满足自己内心的渴望呢?你有没有考虑当别人不能满足你的渴望时,你采用了什么样的防御措施呢?请记住,你的防御措施既可以是针对自己的,也可以是针对你的人际关系的。实际上,你的个人防御措施都是自欺欺人的东西,并不能真的让你得到满足;相反,你在人际关系中采用的防御措施还会把别人从你身边赶跑。

你的心理防御措施甚至会破坏你想满足自己内心渴望的努力。举例来讲,戴文拼命地要求他的妻子给予他肯定。他总是抱怨妻子不爱他或不尊重他。妻子非常厌倦他的抱怨,越来越想要逃避他。以至于到这样一个地步:哪怕看到丈夫的优点,她也不会去肯定他,而是想法如何对付他。戴文的做法实际上是在破坏自己从妻子处得到关注和肯定自己的努力。

你可能会注意到,你一直想要满足内心七个渴望中的某几个渴望。那么我们到底应该怎么去做呢?

练习满足自己的渴望

你有没有发现当你自己和别人建立关系时,如和你的孩子(如果你有孩子的话)在一起时,你是否在担当一个倾听和理解对方的角色?你是否知道你这样做就是在给予你所爱的人肯定和无条件的祝福呢?你给予他支持和安全感了吗?你愿意给他健康的身体接触吗？你是否善于真心关注他并让他产生归属感呢？

　　对于这些问题，大多数人很可能会对其中至少一个问题说"是"。你拥有满足别人渴望的能力，对吗？即使以上哪一项你也不特别擅长，单单想到你能够去满足别人的需要，你的人际关系会发生怎样的变化？事实上，你很可能拥有能力和方法来满足你自己的需要。

倾听内心的声音

　　问自己一个看上去十分简单的问题："我有没有听到并理解自己内心的声音？"当你因为一件事难过的时候，你愿意一直这样难过下去吗？当你受到某人伤害的时候，你有没有表达出你真实的想法、情绪并说出你的需求？练习倾听自己内心的声音，方法之一就是先认清你的情绪和需求，然后把它们表达出来。

　　你有没有说过"我好像知道了"或者"我觉得自己明白怎么回事了"这一类的话？人们常常失去理解自己的机会是因为他们并没有认真地去倾听自己内心声音，特别是自己的直觉。其实，每一个人都有智慧，对于一般性的问题，他们也常常知道答案。他们只是没有倾听自己内心的声音，因为他们不知道自己的信念、理解和认知是什么，他们不相信自己，他们内心的伤痛会把自己击倒。你内心受伤的部分会寻找扭曲的方法进行自我防御，在你里面的声音会借着你的罪疚感和焦虑感对你说话，并且总是把你打败。

　　有时，你要把这些声音搁在一旁，这样说："如果顺服真理，我将会怎样和自己沟通呢？"要对自己内心受伤的部分说："请你安静一会儿。"想象一下，你是否也可以选择一段时间去忽略自己的

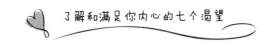

罪疚感和焦虑感,然后倾听你内心的声音。选择去相信那个声音,至少尝试照着去做。

你会发现,当你让内心受伤的部分安静下来时,你会发现你的情绪既平静又自信。其他人可以感受到在你平静中孕育的力量。这不是那种理性至上的防御态度,让你看上去或听起来无所不知,也不是那种自以为义的态度。这是真正的自信和平静的心态。你是不是非常渴望在生活中拥有更多平静的生活呢?也许这就是你能找到的方法。

肯定你自己

同样的,当你干得不错的时候,你是否也肯定自己呢?还是会从心里面否定自己呢?你内心的自我对话,可以让你了解你是否真的肯定自己。很多时候我们在心里责备自己:"我真是个白痴!为什么自己不能早点儿想到会发生这件事?""如果我干得快点的话,就不会像现在这样乱作一团了。""我总是什么事都做不好,我完了。"常常听到缺乏肯定的声音是否就这样肆意占据了你的内心?

你知道过去有多少负面信息已经进到你的心中吗?我们的朋友丹尼尔·阿门博士,把这种声音称为"ANTs",这是"自发形成的负面思想"(Automatic Negative Thinking)一词的缩写。有多少次你告诉自己没有能力或不可能做到?你会按照父母管教你的方式来管教自己。所以,如果你听到许多关于自己的负面思想,你很可能会按照同样的方式对自己说话。有些人尽管没有自我论断,但他们听到了很多来自父母、牧师和老师的批评论断。因此,许多孩子从他们身上吸收了很多消极信息。

与你之前听到的相反,你要学习操练对自己说正面信息。要练习肯定自己。在一个非常流行的电视节目中有这样一个情节,其中的反面角色决定:只要是最先进入他大脑的声音,不管是什么,都照着相反的方向去做。在该节目中他的结局是:他所做的一切都取得了成功。如果这个节目的制作人允许他听从内心的声音并照着去做,这个节目就变得乏味了。

你可能会想,负面思想就是自己真实生活的一部分。你不知道如何去改变。这就是为什么想象并操练"把它当成"自己已经知道要如何去做是多么重要!

有很多人总是要等着别人来关注并肯定自己,并且期望他们这样做才会帮助我们改变自己固有的信念。但是通过你有意识的关注和肯定自己,你不但会改变自己扭曲的信念,而且会得到巨大的满足感。你还会发现,如果你练习肯定别人,你就会开始得到别人对你的一些肯定。

无条件地爱和祝福自己

在祝福自己方面,你做得如何? 你真的相信自己是有价值的、珍贵的,人生是有意义的真理吗? 如果不管走到哪儿你都把这些真理带在身上,你就不需要因别人怎么说你或怎么看你而受影响。如果我们能够把世俗的东西拿走,我们就更容易祝福我们自己。

设立界限让自己安全

通过对那些想伤害你的人——在语言、身体、性以及心灵上伤害过你的人设立界限,你可以持续地给予自己安全感。你现在是成年人了,虽然有时你会像小时候被伤害时那样被情绪控制,但现在

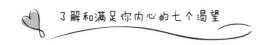

不一样了,你完全有能力来为自己的生活负责,可以做出不同的选择来保障自己的安全。

如果你试着不去掌控一切,事情会怎么样呢? 我们鼓励你尝试一下。

马克有一阵特别热衷于打扫园子。他花了一年时间但却没有把园中的树叶清理干净。第二年春天的时候,去年的落叶有的还在,有的已经清理干净了,几次除草之后,园子就非常干净了。我们的房子看上去很美,家中的每一个人也很开心。

实际上,你更多担忧的可能是自己的家庭开支。你的钱够用吗? 你真的懂得如何用钱吗? 关于你的家庭开支,是否有人(比如你的配偶)没有参与意见? 对于你需要知道的事,就像如何挣钱等,你可以自己做出决定吗? 有时候,你需要放弃自己对某些事情的掌控。

那么,今天你可以在什么事上放手呢? 通过操练谦卑自己,你会学到如何放弃对你生活中一些事情的控制,如你的健康、你的事业甚至包括社会公正。放弃控制是很难的,但当你有意识去做时,你会明白究竟什么才是保护自己的安全。

安全的身体接触 ❀

你也可以练习给予自己健康的接触——哪怕只有你一个人。当你感到与好朋友和家庭成员有亲近感时,你可以学习摸一摸他们,因为你想和他们分享亲密感。拍一下肩膀,紧紧地握手,或者用胳膊抱着某人,都是很安全的身体接触。拥抱的好处是,它对于双方都是有利的:你拥抱对方,对方一般马上也会拥抱你。弗吉尼亚·萨特曾经说过,每人每天需要四次拥抱才能让我们活下去,8 次拥抱会保持健康,12 次拥抱就可以让我们成长。

如何拥有健康的身体接触还有许多简单的方法。你可以享受洗浴的温暖,或是足疗,或者在当地美容厅洗一次头。也许你还可以做一次按摩或美容!甚至宠物也会给人们提供难以置信的安全接触,难怪有那么多人喜欢回家时受到毛茸茸的宠物的欢迎——它们依偎在我们身边并且吻人们,这种美好的感觉,是无法用言语表达的。

爱自己

如果你觉得"爱自己"这句话听起来很奇怪甚至有点自私,那就要问问你自己——对此你的理解、看法和认知是什么?在这个简单的词语"喜爱你自己"中表明了我们要认真地对待自身的各种需要。这是一个鼓励,特别是对那些从来没有这么做过的人。因为他们总是想着别人的需要,他们已经学会了如何忽略自己的需要,甚至相信自己根本没有什么需要,他们放弃了拥有自己的需要。当你学习喜欢自己的时候,第一步你必须知道你需要什么——知道你喜欢或你选择什么。

很多人完全不知道自己喜欢什么,很长时间一直是在讨好别人,很少想到自己的需要。当你进入新的一天时,你要开始问自己:有没有什么我想要做的一些事情我还没有去做呢?或者,有没有什么我正在做,实际上却不想做的事呢?从小事情开始不断进行练习。你想到哪里去吃饭?你想要看什么样的电影或电视节目?你想到什么地方去度假?工作中你有哪些好主意?当别人看上去需要你的时候,你如何为自己留出时间?对自己的经济状况你是否有足够的了解?每次当你有意识地选择自己想做的事并遵照着去做的时候,你就是喜爱你自己了。

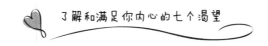

了解和满足你内心的七个渴望

你也可以通过关心自己的身体来爱你自己：和医生以及牙医约定时间，检查一下你的眼睛，给自己买件合身的衣服，让你看上去容光焕发，做一个新发型让自己开心，给自己安排时间睡个好觉，吃一顿美味的食物以及参加体育活动等。

你也可以通过倾听自己内心的梦想，以及拥有一个能够支持这个梦想的愿景来喜爱你自己。当你处于困境的时候，爱自己并决定寻求帮助。当你不高兴的时候，爱自己并且决定要为此做一些事情。每次当你把"我是受害者"的情绪放在一边的时候，你就是在喜爱你自己了。

找到自己的归属感

有归属感和你是否渴望属于一个社团密切相关，你可以主动加入某个社团让自己获得归属感。在人际关系中如果你一直是一个从众者，你就把自己放在了被人排斥的位置上，你需要依靠别人的怜悯才能有归属感。其实，你可以通过积极主动的方式来改变你的处境。你可以决定自己想要发展什么样的朋友关系，你可以决定自己要参加什么样的活动小组，你可以决定参加政府机关的竞选，或者志愿参加一项工作，或参与某个项目的培训工作。你可以通过勤奋刻苦的努力来获得归属感！

有没有这样一种情况，就是你所参与的活动和小组，实际上你根本不喜欢？是什么样的压力让你难以退出这些活动和小组？小组、教会、俱乐部和各种机构，你在那里觉得舒服、自在吗？例如，虽然你感觉这个教会并不很好，但你一直会去，原因就是你在这个教会时间已经很长了。最近哪些朋友和家庭你一直没有跟他们联系过？打个电话、写封信或电子邮件或请某人过来喝杯咖啡吧。让

148
你为什么不快乐？

你自己有归属感的方法之一，就是对你已经拥有的人际关系进行投资。满足你自己的七个渴望需要花费很多的练习和耐心，大多数人不善于建立自我价值和自我满足感，他们宁愿期望别人来帮自己得到满足，帮自己把事情做成。作为基督徒，教会常常会特别强调不要关注自己的需要。但我们要鼓励你"去爱自己如同爱你的邻居"，并借着七个渴望来哺育我们自己，因为你是可爱的，不管别人是否爱你、尊重你，你都是有尊严的。

　　有趣的是，当你练习满足自己的七个渴望时，原先你期望别人给予自己的东西就会减少。你会开始真正地信任自己。当你的需求减少时，你对错误防御措施的需要也会减少。你不再需要通过虚假的替代品来安慰自己、保护自己或免于痛苦，因为你没有那么多痛苦了！并且，当你错误的防御措施完全消失时，你还会成为真正自己喜欢同时愉悦别人的人：会有越来越多的满足感、仁爱、喜乐、和平、忍耐、恩慈、良善、信实、温柔、节制。

　　如此美好的生活，其结果是人们都愿意围在你的身边——你会变得平易近人，人们也很喜欢来到你的身边，给予你更多的倾听和理解、肯定、祝福、关心和安全感，有礼貌地给予你健康的身体接触，关注你，接纳你。

本章思考要点

❤ 回顾你自己的生活,七个渴望中你最缺乏哪一个?

❤ 当你想要开始运用七个渴望来满足自己时,你内心会有什么样反对的声音(比如,"如果我为自己做一些事,我就是自私的。")?

❤ 你已经满足了七个渴望中的哪一个渴望?

❤ 本周当你开始一整天的生活时,停下来问问自己,你真正喜欢什么? 比如你正在吃的早饭、你的工作,别人关于中午吃什么的建议以及别人想看什么样的电视节目等。

❤ 这是一个更高的层次:在你家中的某一个房间里放三把椅子。把其中的一把椅子贴上"我是受害者"的标签,中间那把椅子贴上"我的防御措施",最后一把椅子贴上"上天的椅子"或"真理的椅子"。现在对你面临的问题做出一个决定,不管问题是大是小,问你自己如果你坐在那把"我是受害者"的椅子上你会做出什么样的决定,然后你坐在"防御措施"那把椅子上,问你自己同样的问题,最后你坐在"上天的椅子"上,安静自己的心然后问自己:"上天要告诉我什么?"你会很惊讶地发现在每一个不同的椅子上你的回答是完全不同的。最后,问你自己:"哪个答案才是对的呢?"

第十三章

满足他人的渴望

给予别人关怀是我们每个人能够做到的,并且是使自己内心感到最为满足的行动。那些用心去给予别人,且目标和动机正确的人,就能够始终有力量帮助别人并且永不疲倦。

本章要专门讲一个人如何才能够满足他人的渴望:如何才能成为一个好的倾听者,并且善解人意,肯定对方;如何才能祝福他人,让对方有安全感;如何才能给予对方与性无关的身体接触,并从对方的角度表达出自己的需要以及对他们的喜爱;如何才能在生活中接纳别人。

要做到这些是非常困难的。事实上,我们中的大多数人并不懂得如何去满足别人的渴望。

我们不要期望自己是完美的,但人心向使我们努力让自己做得更好。其次,效法榜样我们会有一颗某种程度上自愿牺牲的心,因为满足别人的渴望就可能包含着牺牲。一个人可能做不到为别人的益处去真正地"牺牲",但至少可以少一点私心,多一点同情心和同理心。

让我们花点时间来说说牺牲和无私的概念。耶稣在祂的一生中确实做了很多无私的奉献和牺牲,但与此同时,祂也承认祂有自己的需要。在祂传道的过程中,事实上,耶稣有很多次是在花时

间来照顾祂自己的需要。祂朋友很多,祂也和小孩子们一起玩,祂有时也远离民众自己独处,祂许可玛利亚用非常昂贵的香膏来洗祂的脚。在客西马尼园里,祂还要求门徒和祂一起警醒,即使祂知道他们做不到。

想一想很多年来你一直钦佩的那些人。他们是不是无私奉献自己的人? 若没有他们对你的关心和爱护,你会拥有现在的生活吗? 即使那些人没有出现在你的生活中,也想一想那些为他人作出牺牲而让我们敬仰的人。人们称赞那些在部队里服役的军人,因为他们愿意服务他们的祖国并为国家牺牲自己。在 9·11 事件发生后的那些日子里,那些为帮助和拯救他人牺牲自己的人,一直让人们怀念并肃然起敬。汤姆·布鲁克把美国大萧条期间以及二战后出生的那一代人称之为"最伟大的一代",数以百万的人心甘情愿为他们的国家去奉献,去牺牲,但没有人去问为什么。

帮助他人,甚至为他人牺牲并不是说你必须放弃自己的需要,但确实意味着你首先需要有朴素但高尚的信仰,然后才能关心和帮助他人,也包括满足你自己的需要。如果你相信自己的渴望能够得到满足,有时候你就可以延迟满足自己的需要以便帮助他人。也只有当你能这样做的时候,你才可以更好地帮助别人。

当自己筋疲力尽的时候

如果你压力很大并且很疲劳,你就很难去帮助别人。也许你的生活很困难,同时你又面临很多方面的伤害;也许你目前的生活环境一直在透支你的资源;也许你身边有某人或某些人在持续地伤害你。如果你正在遭遇上述情况,你会发现自己的精力严重透支。你真的太累了,感到自己实在没有什么东西可以给予他人了。

如果这正是你目前的情况,你就需要从那些关心你的人身上寻求帮助,比如你的家人,他们了解你;还有你的朋友,他们能倾听并理解;也包括从牧师或辅导员那里获得帮助。有一个古老的名言是这样说的:"想要井出水,你先要让它满溢。"也许你需要先让你自己充满,目的是让你的帮助能够流淌到别人那里去。如果帮助别人让你感觉自己被耗尽,这很可能是因为你想要给予帮助本身存在一些问题。

　　感到自己筋疲力尽意味着你被耗尽了。你真的疲倦了,你也被掏空了,你也许需要首先处理你自己生活中的很多事情。不照顾好自己,还想要持续地给予别人是错误的。这种情况被称为"救世主情结"。"救世主情结"的人常常会因自己不断给予别人但却从来得不到关爱而产生愤怒,在怒气中帮助别人肯定是不对的。有时候要允许把好东西先留给你自己,然后再去帮助别人。

　　感觉自己筋疲力尽,也意味着你在帮助别人做一些他们能够也应该自己去做的事情。总有一些人喜欢你去为他们服务,甚至当他们自己能够更好地照顾自己的时候,他们也会期望你去做。我们使用"大能人"这个词来代表这一类的人。提供这种帮助,你可能以为别人会喜欢你,但更有可能的是,别人会认为你提供帮助是理所当然的。你会发现:你在不断地付出,但却得不到你所渴望的回报,这就叫做筋疲力尽。

　　成为"仆人"的意思是:你要把那些确实需要你帮助的人和那些不需要你帮助的人区分开来。哪怕是对方合理的请求,你还要考虑你是否有足够的体力和精力去提供帮助。只有当你感觉到自己精力充沛、焕然一新时,你才算是一个好的"仆人"。

帮助别人要有正确的动机

在你帮助别人之前，除了要考虑到自己的精力外，考察自己的动机也是很重要的。因为有的人帮助别人的动机很多时候是不健康的。如果帮助别人是因为自己觉得这是实现自己价值的唯一方法，那么你的动机就不对。还记得吗？心理防御措施之一就是去讨好或取悦别人。讨好别人看起来也像是在帮助别人，但它的动机却是错误的，是自私的。一个讨好别人的人实际上是因为害怕自己孤独和被人排斥。因此，表面上他（她）会不断地帮助和给予别人，其目的是为了取悦对方能让自己不受到孤立和排斥。常常当讨好型的人想要帮助别人（或为别人做事）时，其实对方并不想或根本不需要他们的帮助。但只要自己感觉良好，讨好型的人是不会去管这些的。即使在他（她）需要说"不"的时候，讨好型的人也会说"好"。

弗吉尼亚·萨特打了一个极好的比喻：设想你有一个一面写着"行"另一面写着"不"的大奖章。你把奖章放在身边，并且常常提醒自己：只要觉得合理，你可以说"行"，也可以说"不"。当然，有时候当你说"不"和你说"行"的时候，效果其实差不多。有时候说"不"，不但能让自己避免筋疲力尽，而且可以让别人有机会去做他们自己应该做的事情。

服务也可能会成为一场竞赛，在这种情况下，你服务的目的是想超过别人——要看上去比别人好，实际上这就成了通过做仆人来寻求别人肯定的手段。这种服务他人的动机也是错误的。

如果你的侍奉来自正确的动机，你就可以接受有人这样说："哦，谢谢，不用了，我不需要你的帮助。"或者"我确实想学学如何自己来做。"你不会因此感到不舒服或是别人不爱你，因为别人有他自己的需要,这其中并不包括你的帮助。

　　如果你有孩子,想象一下如果你为他们代办一切会怎么样——他们的家庭作业、清洁卫生以及他们的娱乐。你可能认为你是在为他们的需要服务,但他们将永远学不会如何靠自己来做事。当别人不需要或不想要的时候给别人帮助,只会阻拦他们掌握自己应该具备的生活技能。甚至,他们连自己的需求是什么都不知道!难怪有那么多人长大后不知道自己的需求是什么,因为从来就没有人允许他们有自己的需要。或者是他们被别人服侍得太好了,以至于他们从来没有机会学习为自己做任何事。请记住,帮助别人需要有一个好的动机,真正为别人好是以对方喜欢和接受的方式,而不是自己的喜好。

提供无条件的帮助

　　也许你自愿去服务他人是有条件的。换句话说,如果你得不到肯定,你也不会去肯定别人。如果你没有被邀请到别人家里去,你也不会邀请别人到自己家里来。如果你感觉他们所做的一切只是空谈,你就不想听别人说话。如果你有未满足的渴望,你就会阻止自己去服务别人。如果你一直期望着别人来满足你的所有渴望,你很可能会生气,因为他们没有这样做——在生气的状态下你没有能力去帮助任何人做任何事。但是真正的帮助是无条件的,需要有能力去帮助别人,不期待任何回报。这并不是说你不可以在帮助别人的时候满足自己的一些渴望,区别在于,如果你自己的需要没有满足你也会觉得对别人的帮助心安理得。

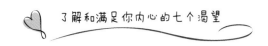

听求助者讲他的故事

　　有时候一个人不知道如何帮助别人，因为他不知道别人的需求和渴望是什么。他可能是真的不知道，或者是他想要帮助的那个人自己也不知道自己的需求是什么。那么，如何才能知道呢？我们发现，请对方讲讲他们的生活经历常常是很有帮助的。我们经常会谈到一个人的生活经历，这就是他们的"故事"。故事可以是人们的生活经历、目前的生活状况、人际关系、他们的工作、面临的问题以及他们的各种情绪。你有没有这样的经历呢？当有人认真地问起你的经历并且真的对你的经历感兴趣，你的感觉是不是非常好？换句话说，他们是真的想要倾听和理解你。如果你真的了解一个人的故事并且理解他们，你就能够更好地去帮助他们。

　　安德鲁知道他需要告诉他的妻子玛莎他爱她，但他不太确定到底该怎么去做。他要妻子告诉自己她在成长过程中（小女孩、青春期和少女时），她都喜欢些什么。他从她那里听到了很多故事：当她上初中时，她想去跳舞但父母不允许，没有人邀请她参加毕业舞会，以及在大学时代没去参加她很想去的姊妹会。安德鲁考虑之后决定邀妻子出去跳舞。尽管安德鲁对自己的舞技感到不自信，但是为了帮助妻子，他控制住自己的不安情绪。因为安德鲁爱他的妻子。

　　有时候单单是请对方讲述他们的故事就是在帮助他们。也许这人从来没想过会有人对他们的经历感兴趣。他或她可能会想：没有人会有兴趣听他或她讲这个。单单是倾听别人的故事就可以成为帮助别人的好方法。

　　同时，把自己的故事告诉别人也会成为帮助别人的一种方法。也许那个人一直认为他是世界上唯一拥有某种想法或经历的人。

当有罪疚感时,这种想法或经历会变得更真实。和别人分享你的故事有助于帮助他们知道自己并不孤单,这样做可以帮助他们减少他们的内疚感和罪疚感,这样做也能给予他人一个机会反过来告诉你他们的故事。互相分享故事是彼此帮助最好的方法。

与别人的痛苦感同身受

如果想要去帮助别人,就需要拥有对别人的同理心。也就是说,你要去花时间倾听他们的故事,如果你不知道一个人遭受痛苦的来龙去脉,你怎么能够因对方的痛苦而产生共鸣呢? 在讲故事的过程中我们常常会认同对方,因为我们有相似的故事。

在一个教会建立的小组中,罗伊坦言别人对自己的论断让他害怕。比尔问他是否知道为什么他不能信任别人,罗伊讲到他的父亲,一位非常严厉的人,他常常批评人。比尔回应说他很理解——他自己的父亲也是这样。比尔通过了解对方的故事并且对此产生认同,他对罗伊就有了同理心,帮助罗伊认识到别人的论断仅仅是一种对你的猜测,很多人仍然是可以信任的。

同理心表明认同对方的情绪。如果你从来没有识别出自己的情绪,你怎么可能有同理心呢? 有一些人希望在理解自己的经历和情绪之前,就能对别人产生同理心,这是不可能的。理解你自己(这是你的责任!)并不是重演一遍过去的事情或为自己感到难过。这样做也不自私,你需要花时间理解自己的渴望、需要、情绪和痛苦。

有同理心,我们需要在自己身上花时间去阅读、研究,接受心理辅导,写日记,静下心来思考,与可以信赖的朋友沟通。当我们用这些方法来关爱我们自己时,我们才能去关爱别人。我们才不会被耗尽或生气,我们才可以更好地帮助别人。

立志帮助他人

很多人一定要等他们感觉到自己喜欢去做的时候,才会用七个渴望来帮助别人,这就需要等很长的时间。毕竟,你可能从来感觉不到你喜欢去帮助别人!所以帮助别人的能力也和你理性的决定有关。志向会带来行动,而实际的行动又能积极推动你对他人的关怀。

彼得的妻子一直想要乘游轮旅游,但彼得讨厌待在船上,因为他害怕晕船。因此,很多年来他都不同意这样做。最后,当他们25周年结婚纪念日临近的时候,彼得决定带他妻子坐游轮旅游,为要给她一个惊喜。他想要通过满足她内心渴望的行动来肯定她的需要。彼得害怕坐船旅游,但是他希望让他的妻子高兴,结果发生了不可思议的事情,彼得发现他自己竟然也喜欢坐游轮了。当他们离开游轮的时候,彼得说:"感觉太棒了!我真的很抱歉一直不同意你坐游轮,明年我们还要再来。"

玛丽和她的丈夫汤姆因做爱的次数问题争论了很多年。他看上去总是不满足。玛丽对他的要求感到很生气,而汤姆对她的拒绝也感到很生气。之后,在他们结婚20周年纪念日,汤姆决定:爱玛丽并不一定要依赖做爱,他爱她是因为她的心灵。玛丽还记得当她自愿和丈夫有性关系时,她感到非常开心。她决定对丈夫的性需求给予更多的认同,有时候她还会主动提出要求。当汤姆肯定爱自己的妻子后,他的性需求减少了。当玛丽决定说"可以"的时候,她更高兴和丈夫做爱了。现在他们做爱的次数已经不再是一个问题。当他们真正做爱时,实际上是在情感和心灵的深处更加合为一体。

雷蒙德不喜欢他的老板,他认为她要求苛刻而且常常挑剔别人。老板发现雷蒙德会拖延工作并且放任自己的粗心大意。有一天雷蒙德明白过来,自己这样做是在伤害自己和公司,所以他开始更努力地工作。渐渐地,他发现在他把工作做好的过程中,自己找到了更深的成就感。奇怪的是,他的老板对自己的批评和要求也减少了,有时候甚至还会给他一些称赞。

在整本书里,我们一直在鼓励你识别出自己的情绪,把它们表达出来,并且去感受这些情绪。然而,总有这样的一些时刻,无论你的感觉如何,我们要鼓励你做出决定,并采取行动,因为这样的决定会有助于你成为你想要成为的那种人。当你渴望得到别人的帮助,进而决定先去帮助别人,也是你需要做的许多决定中的一个决定。

用心去做

如果有合适的机会,很多人都愿意也能够帮助别人。如果这些机会没有出现,他们就会一直做例行的事。我们发现帮助别人需要有更多的主动性,你必须有计划地去帮助别人并寻找机会去这样做。

我们辅导的丈夫中有一位,一天带着一张图表来到我们的办公室。他是一个会计,资产负债表和各种图表就是他的"工作"。因此,他为自己如何去帮助他的妻子画了一张表格。在表的左边他列出了七个渴望,在右边他列出从周一到周日这七天时间。新的一天到来时,他会看着他的表格,开始计划如何倾听妻子说话。他每天都会想办法去肯定他妻子,他也会通过一些实际的事情和她沟通,哪怕妻子没有为他做任何的事,他也会每天多次对妻子说:"我爱你"。这位男士相信自己对孩子们也尽到了职责,他预备好了家庭开支,他工作勤奋,并且在他所有的行为表现上始终如一。他想要自己的妻子有安全感,并且他经常爱抚他的妻子,握手并且拥抱她。他的妻子开始意识到,丈夫这样做并不是因为他在性或其他

方面的缺乏,而是他关爱别人的一种方式。每天他都会赞美自己的妻子,说她看上去如何漂亮以及他发现她是如何有魅力。最后,每天他都会花时间告诉妻子他一天的生活、工作、想法以及他的情绪,并且还会主动问一些关于自己妻子的事情。

说实话,他也并不是每天在每件事情上都能做好。有时候他很疲劳,心里着急,有挫败感或会生气。但这位丈夫确实养成了一个好的习惯:通过看图表来检查自己做得如何。出人意料的是,他发现如果自己很长一段时间——好多天没有去做的话,并不是说他就马上要去为别人付出。相反,他告诉自己,他需要检查一下应该如何关心一下他自己了。他的紧张和疲劳告诉他,他需要休息或参加一些娱乐活动,要去和朋友沟通,去做一些自己喜欢做的事情。一旦他满足了自己的需要之后,他才有东西去给予别人。

这位丈夫所做的,就是去寻找生活中的一个平衡点。他爱他的妻子,就像他爱自己一样,他也是用心去做的。通过关爱自己,他才能够按着正确的动机来关爱和服务他人。他并没有想要寻求任何回报,他的动机是正确的。

我们鼓励你去使用下面的图表,用心在你的生活中去帮助别人。你可能会想到你的孩子们。你满足了他们的七个渴望吗?——这是所有的孩子每天都想要的。你可以帮助你的配偶,你的父母兄弟姐妹、朋友们,你的员工、老板、陌生人——甚至上天。当你用这种方式有意识地去服务别人时,你就是真的在实践无条件的爱了。

最后,说实话,大家千万不要认为在你的后半生中有了这张表,你就每天都能做到表中的内容。我们鼓励你去照着做一天或一个礼拜,看看这张表到底是怎么回事。

第十三章 满足他人的渴望

	周一	周二	周三	周四	周五	周六	周日
倾听和理解							
肯定							
受到祝福："我爱你"							
安全感							
健康的接触							
可爱的							
被接纳							

经过短期的操练,你可能会发现这样做会让自己养成一个定期去做的习惯。想一想明年或自己的下半生,自己的生活会有多少幸福和快乐,现在就从小处开始入手吧!

给予别人关怀是我们每个人能够做到的,并且是使自己内心感到最为满足的行动。那些用心去给予别人,且目标和动机正确的人,就能够始终有力量帮助别人并且永不疲倦。

本章思考要点

◈ 当你感到筋疲力尽还想要去帮助别人时,你对那个人和你自己有什么样的感受?

◈ 你是否鼓励人们与你分享他们的故事? 你与别人分享过自己的故事吗?

◈ 今天你想要帮助谁? 你的动机纯正吗?

◈ 你身边有没有人想要帮助你,但你却不想得到他们的帮助? 如果你想要谢绝他们的帮助,你会怎样做?

◈ 你想用心去帮助谁?

第十四章

真正的满足

　　不管你的人生际遇如何，只要你能够了解和设法满足自己及他人内心的七种渴望，多反观内求，你就会活出一个不同的、更加有意义的快乐人生……

　　我们要与你分享什么能给自己的生活带来真正的满足。我们希望当你读到这里的时候，关于内心满足的观念已经发生改变。总的来讲，我们希望你已经开始认识到，真正的满足并不是来自于外在完美的人际关系或拥有丰厚的物质财富和独特精彩的人生经历，真正的满足来自于我们自己的内心。

　　我们最喜欢的牧师之一约翰·奥伯格，我们听过他礼拜讲道时关于满足的内涵。一开始他就通过对比让我们明白，对"满足"的追求就像是孩子们拼命地想要吃下一顿"美餐"。麦当劳在做了大量的市场营销工作后，创立出专门的汉堡包、薯条以及可口可乐，并且还带着一个好玩的盒子和玩具，这种促销方式会给人们带来快乐。当然，当你吃完这一顿快乐的美餐之后，你的快乐感持续不了多久，就想着下一次的美餐。

　　我们通常用"假如"这个词来定义满足感。假如"我"来自不同的家庭、不同的生活环境，那么"我"就会很开心；"假如""我"有更多的钱、更多的朋友、更多的成功、更多的休息时间、更好的汽车、更大的房子或者一部处理速度更快的电脑；"假如"我事先就想到了那个问题；"假如"我能弹钢琴、学习飞行、打专业棒球、成为一名医生；"假如""我"有一个不同的工作，住在别的地方或出生在另一个时代；"假如""我"的配偶对自己更好、懂得"我"爱的语言、想要更多（或更少）的性关系、不冲着自己大喊大叫或者不那么经常批评我；"假如"自己没有说过这句话、做过那件事、做过那个决定、发生那些事情；"假如"所有这些事都是真的，那么"我"就会得到满足。

果真如此吗？

如果我们不承认我们每个人都独一无二这个真理，即使再多的好名声或财富——以及各种各样好的生活环境——也无法让我们自己真正得到满足。因为我喜欢与别人相比，总想成为别人，而忽略了自己。其实，只有做自己，只有借着对自己认识的不断深入，我们才会经历内心真正的满足。下面是一些获得真正满足的方法。

拥有符合实际的期望

在第四章中，我们讨论了期望以及期望从何而来，期望是如何形成的，以及人们可以做些什么来达到期望。应该记住的要点之一是，有的期望可能完全不切实际。你会期望别人满足自己的渴望，而他们根本没有能力做到。如果你内心的满足放在不切实际的期望上，那么你将永远得不到满足。约翰·奥伯格在我们刚才提到的那次礼拜讲道时，为我们提供了一个获得满足的最佳公式：满足＝现实－期望。请记住，不切实际的期望还会使你产生怒气和怨恨，与你的期望南辕北辙。更何况有时即使你的期望符合实际，仍然可能得不到满足。

当我们写到这里的时候,我们刚刚从感恩节的旅程中回到家。我们有许多很实际的期望:我们期望家中答应说要去感恩节的人确实去了;我们期望飞机能准点起飞;我们期望天气不错,适合旅行;我们期望每一个人身体健康且有幽默感;我们期望自己的工作进度不要打乱家人一起相处的时光。这些期望都是符合实际的,但却有很多没有实现。所以,如果我们没有忍受意外变化的能力,我们可能就没有全家相聚的时间。很多时候我们需要放弃自己的期望,不再去掌控。我们发现,当我们能够这样做的时候,却会有一些有意义的事情发生,会有一些意想不到的事情让我们开心。正所谓:不拥有过多的期许,便会减少一些失望,相应地满足感也会增强。

把你的幻想变成理想

不切实际的另一种表达方法就是幻想。幻想就是大脑中出现的自认为能够解决我们所有痛苦以及满足我们所有渴望的解决方案。幻想有很多种:出名、有钱(或能用钱买到的东西)、成功、能力、地位、浪漫、性关系等。幻想主要可以用来做两件事:让自己回忆痛苦的往事,然后想象出一个不同的结果。它也会给我们创造一幅图像,能够获得生活中所需的一切,并且认为这一切能满足人们的渴望。

例如,当马克上中学的时候,他有一个梦想就是要成为职业网球选手。在伊利诺伊州高中网球锦标赛上,他和一个大学二年级的学生比赛,后者是后来成为历史上最伟大的网球运动员吉米·康纳斯。马克一败涂地,他莫名其妙地想:如果早知道身材这么矮小的对手就能轻易地打败自己,他就不会梦想要成为一名职业网球

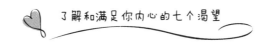

运动员了。然而,当马克在心里想象着重新与吉米比赛的情景时,他通常都能打败对方。

马克曾经认为如果他是一位职业网球运动员,人们就会喜欢并且仰视他。当他在心里赢得那场比赛的时候,幻想会给他带来很多被肯定以及被人羡慕的感觉。这种幻想让马克在一段时间里感到热血沸腾,但却没给他带来内心的满足。

你有没有过财富方面的幻想呢? 也许你梦想过彩票中奖或挣一大笔钱会给你带来多少享受和开心。也许你幻想过有一份好的工作或拥有权力、地位,就会弥补你所有的失败,并让你得到本该得到而没有得到的钱财。幻想有时会变得非常具体。你是否想过,如果你开一辆特别的汽车、住在特别的房子里或者穿上特别的衣服,别人就会非常地羡慕你呢? 浪漫的幻想还会让人们心里拥有美好的人际关系,而且认为它会解决我们所有的孤独感。

想一想媒体和我们的广告业是如何鼓励我们产生幻想的,他们包装出的电影明星和个性化的演员看上去都那么幸福。广告告诉人们,那些正在使用某种产品的人看上去是那么的心满意足。这些都是骗人的假象。马克辅导过很多电影明星、摇滚歌手、乡村音乐和西部音乐歌星以及职业运动员,他可以证实这样一个事实:金钱、名誉、权力和别人的羡慕都不能让这些人感到真正的满足。

人们放在心里的印象将决定我们究竟将会看到什么,这些印象会决定我们的喜好。最近马克决定买一辆新车,他决定要买一辆型号特别的汽车,并且在心里面种下了那辆车的印象。然后他就在公路上观察每一辆那种型号的汽车。你在心里面的图像是什么,你就会对与这个图像相关的事物产生欲望。如果你脑子里想着一些黄色镜头,你就会产生色欲,就会在生活中看更多性感的东西。如果你在心里面放置了漂亮汽车和房子的图像,你就会特别注意观察拥有那些东西的人。你有没有"发现",你心里想的什么,你就会定睛在什么事物上,并且你看的是什么就决定了你做的是什么。

照着你热衷的事去做

当你正在做一些你知道自己应该做的事情,并且能感觉到真正的快乐,你该如何去做呢? 你不需要担心现在和过去人们对你做此事的看法。要倾听你自己内心的声音。你认为你擅长的是什么呢? 你有没有找到一些不但自己热爱去做,而且发现自己在这方面有创造性和成就感且有着无穷无尽热情的事呢? 如果是,那就全身心投入吧,你会体会到其中的乐趣,因为"热爱是最好的老师"。

把你的想法告诉别人

当我们把想法告诉别人的时候,我们的朋友们往往会为我们提供很多好主意,甚至会提供把想法变成现实的方法。这一点经常让我们感到惊喜。举例来说,马克有一个想法,他想去德国在他从事的领域做一次演讲。没过几个星期,他就和一位同事分享了自己的想法,这位同事正好认识一位德国心理学家,而后者正好要举行一次商业研讨会。不到六个月,马克就到了德国,并在那个研讨会上作了报告。

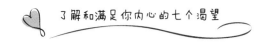

以现实为基础完善你的理想

马克曾认为,成为职业网球运动员是他的理想,但是他的遗传基因和训练效果建议他另作选择。当然,马克并不需要完全放弃打网球——他只是需要调整他的理想,后来马克在读研究生时靠教授打网球赚钱。

马克和黛比——我们两人都有教学、讲道、写作和辅导的想法。这个想法的一部分就是要建立自己的辅导中心。我们最初是这样设想的,我们要找一块地并且找一栋房子。我们梦想着要在一个田园诗般的地方找到一个树木茂盛的所在,在那里建一栋木质结构的房屋。最终,我们发现土地和建筑材料太贵了,而且所有田园诗般的地点都离客户太远,交通不便。尽管如此,我们依然有建一个辅导中心的打算。

当我们开车经过附近乡下的时候,我们沿路看到很多商业大厦上标着"出售"的标志。最后,我们看到了一个联排别墅似的公寓,可以用做我们的办公室。当电话打过去时我们却很失望,因为公寓中所有的房间都已经卖出去了。然而,当公寓的承建商听到我们的想法时,他决定把留给自己的那套房卖给我们。

但我们还是觉得支付不起买房的钱,我们把自己的想法和一个朋友说了,他很热心,愿意帮助我们进行创新融资。他为我们买房提供了一个粗略的计划。今天,我们拥有了自己的心理咨询中心,并且按着建立一个安全舒适的咨询中心的设想进行了专门的设计。请记住:愿意并能够主动适时地争取别人的帮助是一种"有能力"的表现,你这样做的时候,尽管会有失望,但往往惊喜更多。

让理想引领你走前面的路

　　把这句话写下来并且放在某个地方,比如贴在冰箱上,那么,你就能经常看到这句话。这件简单的事就开始帮助你每天想到完成理想的方法,对此你会感到吃惊。你将会"看到"机会,哪怕是一个很小的决定,也是要看它是否有助于实现你的理想。有很多事情我们有责任去做,还有很多事情我们想要去做。人们决定要做的每一件事都应该遵循一个简单的原则:做这件事有助于实现我们的理想吗?

在你身边要有鼓励你的人

　　我们的朋友和同事伊莱·梅欣称这些人为"理想锅炉工"。在我们的身边总是有唱反调的人。他们会告诉你:"那样做太难了,根本不可能。你别再做了。"然而也会有那些能体会到你的热心和追求的人,他们会鼓励你去做。他们会说:"这听起来很有启发。"或者"那看上去很不错,你要努力争取。"就像我们说过的,他们很可能会成为帮助我们解决问题并实现理想的人。

　　当我们顺着理想的引领,我们便会找到内心的满足。我们的生活就会变得井井有条。还有什么比这更美好的呢?

培养感恩的心

　　你一定听说过,一个人是否有内心的满足,来自于他是否拥有一颗对事、对人的感恩之心。习语"凡事谢恩"确实说出了内心满足的情感,每一个人有一个感恩的节日。人们每年至少有一次机会不得不去想一想他们可以感恩的事情(注:感恩节)。人们很容易

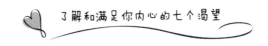

说"要成为感恩的人"或"献上感恩的心",但是,当他们遭遇不幸和苦难的时候,有感恩的心就不那么容易了。尽管如此,感恩的操练越多,你就越来越会流露出感恩之心。尝试一下,做一个每日或每周的表格,写出你所感恩的五件事情。一开始看上去会很难,但当你做得越多,它就变得越容易。

有时候"凡事谢恩"往往集中在那些好事或有价值的事情上。人们很容易成为专门打听每天有哪些坏事情的人。保罗提醒人们要多想乐观的事。他是这么写的:"弟兄们,我还有未尽的话:凡是真实的、可敬的、公义的、清洁的、可爱的、有美名的,若有什么德行,若有什么称赞,这些事你们都要思念。"

要承认你在实现目标的过程中常常会遭遇痛苦。因此,人们要回到起点。我们一直在引领你并希望你明白,生活在不完美的世界会有痛苦,不完美的世界并不总是让你的渴望得到满足,承认这些不满足带来的痛苦,才能找到自己的人生目标。

整本书我们一直在和大家讲很多人的不同故事。其中的一些情景会引起你的共鸣,另外一些可能你不熟悉,我们想要让你知道,不管你的问题是什么,这本书中讲的原则都是有效的,从最简单的问题到最复杂的难题,原则都是一样的。

下面的故事是我们听到的最让人痛苦的故事。我们之所以与你分享是希望你能够明白,没有什么事情会痛苦到自己不能承受的程度。接下来讲的是雪莱小时候的故事,她是位漂亮的小姑娘。

雪莱在小时候受到过各种虐待:母亲的口头虐待、母亲和哥哥们肉体上的虐待以及牧师的性虐待。来到治疗中心后,当她面对自己生活中失去的东西所带来的一切痛苦,以及从来没有被满足的渴望时,她感到极度伤心和愤怒。但是在以后的几个月的辅导中,她从痛苦中逐渐走出来,并且在帮助那些受过虐待的妇女的过程中自己也得到了安慰。她很好地使用了她所学到的应对方法——歌唱——来帮助她的求助者。今天,她带领着一个有 60 多位妇女组成的唱诗班,并且用其中的收益在全世界范围内支持受虐待女孩的宣教事工。当她为那些女孩服务的时候,她发现她内心的渴望得到了供应,通过那些女孩,通过她自己,通过她的家庭,她的渴望得到了满足。

我们一直在请你思考你的生活、期望以及你曾经拥有的你认为能给自己带来幸福的幻想,我们真心希望你不会再去寻找下一顿"美餐"。生活中真正的盛宴并不是那些外在的希望,而是你对自己真正的认知以及由此而采取的积极正确的生活态度。

最后……🌸

我们想说,读这样一本书不会以内容为结尾。如果你做的只是读这本书,你的生活不会有多大改变。我们希望通过阅读此书,激发你来思考:不管你的人生际遇如何,只要你能够了解和设法满足自己及他人内心的七种渴望,多反观内求,你就会活出一个不同的、更加有意义的快乐人生……

祝福亲爱的读者朋友。

参考书目

脑化学

Amen, Daniel. *Change Your Brain, Change Your Life.* New York: Times Books, 1998.

Milkman, Harvey and Stanley Sunderwirth. *Craving for Ecstasy:The Consciousness and Chemistry of Escape.* Lexington, Mass.: Lexington Press, 1987.

情感依赖

Beattie, Melody. *Beyond Codependency.* New York: Harper/ Hazelden,1989.

—— *Codependents' Guide to the Twelve Steps.* New York: Simon& Schuster, 1990.

—— *Codependent No More.* New York: Harper/Hazelden, 1987.

Mellody, Pia. *Facing Codependence.* New York: HarperSanFrancisco, 1989.

Subby, Robert. *Lost in the Shuffle.* Deerfield Beach, Fla.: Health Communications, 1987

夫妻关系

Bader, Ellyn and Peter Pearson. *In Quest of the Mythical Mate.* NewYork: Brunner/Mazel, 1988.

Carnes, Patrick, Debra Laaser, and Mark Laaser. *Open Hearts:*

Renewing Relationships with Recovery, Romance, and Reality. Wickenburg, Ariz.: Gentle Path Press, 1999.

Clinton, Tim. *Before a Bad Goodbye*. Nashville: Word, 1999.

Hendrix, Harville. *Getting the Love You Want*. New York: Henry Holt, 1988.

Hybels, Bill and Lynne. *Fit to Be Tied*. Grand Rapids, Mich.: Zondervan, 1991.

Laaser, Debra. *Shattered Vows*. Grand Rapids, Mich.: Zondervan, 2008.

Thomas, Gary. *Sacred Marriage*. Grand Rapids, Mich.: Zondervan, 2000.

家庭

Bradshaw, John. *Healing the Shame That Binds You*. Deerfield Beach, Fla.: Health Communications, 1988.

—— *Homecoming*. New York: Bantam Books, 1990.

Friel, John and Linda. *Adult Children: The Secrets of Dysfunctional Families*. Deerfield Beach, Fla.: Health Communications, 1988.

—— *An Adult Child's Guide to What's Normal*. Deerfield Beach, Fla.: Health Communications, 1990.

Smalley, Gary and John Trent. *The Blessing*. Nashville: Thomas Nelson, 1986.

Whitfield, Charles. *Healing the Child Within*. Deerfield Beach, Fla.: Health Communications, 1987.

健康的性关系

Hart, Archibald, Catherine Hart Weber, Debra Taylor. *Secrets of Eve*. Nashville: Word, 1998.

Hart, Archibald. *The Sexual Man*. Dallas: Word, 1994.

Laaser, Mark. *Healing the Wounds of Sexual Addiction*. Grand Rapids, Mich.: Zondervan, 2004.

—— *Talking to Your Kids About Sex*. Colorado Springs: Water Brook, 1999.

Maltz, Wendy. *The Sexual Healing Journey*. New York: Harper Perennial, 1992.

Penner, Cliff and Joyce. *Restoring the Pleasure*. Dallas: Word, 1993.

Rosenau, Doug. *A Celebration of Sex*. Nashville: Thomas Nelson, 1994.

综述

Cloud, Henry and John Townsend. *Boundaries*. Grand Rapids, Mich.: Zondervan, 1992.

—— *How People Grow*. Grand Rapids, Mich.: Zondervan, 2001.

—— *Safe People*. Grand Rapids, Mich.: Zondervan, 1995.

Hart, Archibald. *Adrenaline and Stress*. Nashville: W, 1995.

—— *The Anxiety Cure*. Nashville: W, 1999.

Hart, Archibald and Catherine Hart Weber. *Unveiling Depression in Women*. Grand Rapids, Mich.: Fleming H. Revell, 2002.

Hemfelt, Robert, Frank Minirth, and Paul Meier. *Love Is a Choice*. Nashville: Thomas Nelson, 1989.

Lerner, Harriet. *The Dance of Anger*. New York: Harper, 1985.

—— *The Dance of Connection.* New York: Harper, 2001.

—— *The Dance of Intimacy.* New York: HarperCollins, 1990.

May, Gerald. *Addiction and Grace.* New York: Harper, 1988.

Peck, M. Scott. *The Road Less Traveled.* New York: Simon & Schuster, 1978.

Stoop, David. *Forgiving the Unforgivable.* Ann Arbor, Mich.: Servant, 2001.

Swenson, Richard. *Margin: Restoring Emotional, Physical, Financial, and Time Reserves to Overloaded Lives.* Colorado Springs: NavPress, 2004.

Wilson, Sandra. *Released from Shame: Recovery for Adult Children of Dysfunctional Families.* Downers Grove, Ill.: InterVarsity, 1990.

励志书籍

Chambers, Oswald. *My Utmost for His Highest.* Uhrichsville, Ohio: Barbour, 1963.

Crabb, Larry. *Shattered Dreams: God's Unexpected Pathway to Joy.* Colorado Springs: WaterBrook, 2001.

Kendall, R. T. *Total Forgiveness.* Lake Mary, Fla.: Charisma House, 2002.

Kidd, Sue Monk. *When the Heart Waits.* New York: HarperCollins, 1990.

Nouwen, Henri. *The Inner Voice of Love: A Journey Through Anguish to Freedom.* New York: Image Books, 1996.

参考书目

—— *Life of the Beloved.* New York: Crossroad, 1992.

—— *The Return of the Prodigal Son.* New York: Image Books, 1994.

Ortberg, John. *Everybody's Normal Till You Get to Know Them.* Grand Rapids, Mich.: Zondervan, 2003.

—— *If You Want to Walk on Water, You've Got to Get Out of the Boat.* Grand Rapids, Mich.: Zondervan, 2001.

—— *Love Beyond Reason.* Grand Rapids, Mich.: Zondervan, 1998.

The Journey of Recovery: A New Testament. Colorado Springs: International Bible Society, 2006.

Warren, Rick. *The Purpose Driven Life.* Grand Rapids, Mich.: Zondervan, 2002.

Wilkinson, Bruce. *The Dream Giver.* Sisters, Ore.: Multnomah, 2003.

Wilson, Sandra. *Into Abba's Arms: Finding the Acceptance You've Always Wanted.* Wheaton, Ill.: Tyndale, 1998.

灵修书籍

Answers in the Heart: Daily Meditations for Men and Women Recovering from Sex Addiction. San Francisco: Harper/ Hazelden, 1989.

Casey, Karen. *Each Day a New Beginning: Daily Meditations for Women.* San Francisco: Hazelden, 2006.

—— *Some Days: Notes from the Heart of Recovery.* New York: Harper & Row, 1990.

Hemfelt, Robert and Fowler. *Serenity: A Companion for Twelve*

177

Step Recovery. Nashville: Thomas Nelson, 1990.

Schaef, Anne Wilson. *Meditations for Women Who Do Too Much.* New York: HarperCollins, 1990.

性虐待和情感虐待

Adams, Kenneth M. *Silently Seduced: Understanding Covert Incest.* Deerfield Beach, Fla.: Health Communications, 1991.

Allender, Dan B. *The Wounded Heart.* Colorado Springs: NavPress, 1990.

Bass, Ellen and Laura Davis. *The Courage to Heal.* New York: Harper & Row, 1988.

Friberg, Nils C. and Mark Laaser. *Before the Fall: Preventing Pastoral Sexual Abuse.* Collegeville, Minn.: Liturgical, 1998.

Hopkins, Nancy Myer and Mark Laaser, eds. *Restoring the Soul of a Church: Congregations Wounded by Clergy Sexual Misconduct.* Collegeville, Minn.: Liturgical, 1995.

Hunter, Mic. *Abused Boys: The Neglected Victims of Sexual Abuse.* New York: Fawcett, 1991.

Langberg, Diane. *On the Threshold of Hope.* Wheaton, Ill.: Tyndale House, 1999.

Lew, Mike. *Victims No Longer: Men Recovering from Incest and Other Sexual Child Abuse.* New York: Harper & Row, 1990.

Love, Patricia. *Emotional Incest Syndrome.* New York: Bantam Books, 1990.

你为什么不快乐？

心灵伤害

Arterburn, Stephen and Jack Felton. *Toxic Faith*. Colorado Springs: WaterBrook, 1991, 2001.

Johnson, David and Jeff VanVonderen. *Subtle Power of Spiritual Abuse*. Bloomington, Minn.: Bethany House, 2005.

弗吉尼亚·萨特

Andreas, Steve. *Virginia Satir: The Patterns of Her Magic*. Palo Alto, Calif.: Science and Behavior Books, 1991.

Loeschen, Sharon. *Enriching Your Relationship with Yourself and Others*. Burien, Washington: AVANTA The Virginia Satir Network, 2005.

Satir, Virginia. *Conjoint Family Therapy*. Palo Alto, Calif.: Science and Behavior Books, 1983.

—— *The New People Making*. Palo Alto, Calif.: Science and Behavior Books, 1988.

Satir, Virginia and Michele Baldwin. *Satir Step by Step*. Palo Alto, Calif.: Science and Behavior Books, 1983.

Satir, Virginia, John Banmen, Jane Gerber, and Maria Gomori. *The Satir Model: Family Therapy and Beyond*. Palo Alto, Calif.: Science and Behavior Books, 1991.

《出轨的婚姻》
——受伤害妻子的辅导和希望

黛比·蕾丝

丈夫对婚姻的不忠并不一定能毁掉你——或是毁掉你的婚姻。

如果你一直被丈夫的出轨行为所伤害——无论是丈夫一次出轨还是长期的不忠——你不需要一直把自己当成受害者去生活。你有很多选择来保住你的婚姻,而不仅仅是指责对方、被迫忍受或者故意对配偶的不忠行为视而不见。事实上,当一个女人愿意去处理她丈夫在性上瘾方面的痛苦时,她会有意想不到的心理成长。即使夫妻中有一方不愿意参加心理治疗,受到丈夫背叛伤害的女人也可以用长久有效的方法改变自己的生活。

这本入门书籍会为你提供切实的方法来帮你做出聪明有效的决定。它为你在感情上提供医治,使你和配偶培养出更深的亲密感。本书提供的方法还能改变你心灵上的痛苦。黛比·蕾丝通过自己被背叛和为数以百计受过伤害的女人辅导过程中所积累的丰富经验,以及她 20 年婚姻关系中的自身经历写作了此书。

因对丈夫婚姻不忠而带来的伤痛会伤透你的心,但并不一定会毁掉你的一生。

《医治婚外情的创伤》

—— 在道德谴责之外寻求
心理的医治

作者：马克和蕾丝医生，诚信宣教事工部
创始人

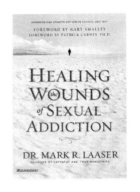

马克清晰地阐述了婚外情行为背后的秘密：
"当我们的夫妻关系没有活力和停滞不前时，
各种婚外情的诱惑就难以抵挡。"
—— 加丽·史麦莉博士

　　随着当今色情网络在全世界的泛滥，美国基督徒中约有 10%
受到了婚外情影响，而且成为一种全国性的潮流。和毒品泛滥的危
害一样，染上婚外情的人会感到伤心内疚，但因婚外情而不断沉沦
下去的男男女女仍然有希望得到帮助。

　　这本书提供的方法，可以帮你摆脱婚姻中强迫思想和行为的
控制，使你得到医治或改变。在不否认婚外情道德上有罪的前提
下，马克和蕾丝医生探究了问题的根源，讨论了它的表现形式及后
果，并且为我们提供了进行自我控制和保持性忠诚的治疗方法。

　　该书曾名为《诚实和真理》，这次修订版增加了一章全新的内
容，专门用于处理教会中存在的性道德问题。其他的重要修改包括
文化潮流、当代研究成果以及重视你的属灵成长。这本书也专门讲
到了女性性道德问题和其独特性。